国家中等职业教育改革发展示范学校建设项目成果

电机拖动基础

主　编　吕梅梅

副主编　张　弛　童德斌　朱慧斌

苏州大学出版社

图书在版编目(CIP)数据

电机拖动基础/吕梅梅主编. —苏州:苏州大学出版社,2014.6

国家中等职业教育改革发展示范学校建设项目成果

ISBN 978-7-5672-0958-9

Ⅰ. ①电… Ⅱ. ①吕… Ⅲ. ①电机—电力传动—中等专业学校—教材 Ⅳ. ①TM921

中国版本图书馆 CIP 数据核字(2014)第 131182 号

电机拖动基础

吕梅梅 主 编

责任编辑 肖 荣

苏州大学出版社出版发行

(地址:苏州市十梓街 1 号 邮编:215006)

常州市武进第三印刷有限公司印装

(地址:常州市武进区湟里镇村前街 邮编:213154)

开本 787 mm×1 092 mm 1/16 印张 8 字数 180 千

2014 年 6 月第 1 版 2014 年 6 月第 1 次印刷

ISBN 978-7-5672-0958-9 定价:20.00 元

苏州大学版图书若有印装错误,本社负责调换

苏州大学出版社营销部 电话:0512-65225020

苏州大学出版社网址 http://www.sudapress.com

前　言

电机拖动基础是把电机学和电力拖动基础两门课程有机结合的一门课程,用于分析和解决电机与电力拖动系统的基本问题,是一门十分重要的专业基础课,它在整个专业课程中起着承前启后的作用,是学习自动控制原理、电力拖动自动控制系统、电力电子技术等后续课程的重要基础.本书主要研究电机拖动系统的基本理论问题,分析并研究直流电机、变压器、异步电动机和同步电动机的简单结构、原理、基本电磁关系和运行特性,并初步联系生产实际,从生产机械工作的要求出发,重点介绍交直流拖动系统的动静态运行特性,为学习后续专业课程打下坚实的基础.

本书编写的指导思想是从中职生的知识现状和就业导向的实际出发,并考虑到电机技术的发展趋势.全书共八章,简要分析了单相异步电动机、同步电动机和控制电机的结构、特点和工作原理,并结合实际应用,给出了电动机容量选择的基本知识和方法.本书重点强调理论知识的实际应用及实践能力的培养,内容通俗易懂,适合中等职业学校的电气技术、电气自动化、机电一体化技术等专业的学生使用.

本书的特点是理论性和实践性都较强.分析电机与电力拖动系统的工作原理要用电学、磁学和动力学的基础理论知识,既要有时间概念,又要有空间概念,所以理论性较强;而用理论分析各种电机和电力拖动系统的实际问题时,必须结合电机的具体结构,采用工程观点和工程分析方法,除了要掌握基本理论外,还应注意培养实验操作技能和计算能力,所以实践性也较强.因此,学习本课程应注意以下几点:(1) 抓主略次;(2) 掌握基本概念、基本原理和主要特性;(3) 对比学习,找异同;(4) 理论联系实际.

本书由吕梅梅老师主编.在编写过程中,本书参考了大量的文献资料,在此,我们向这些文献的作者表示诚挚的谢意.

由于编写时间仓促及编者水平有限,书中疏漏与不当之处在所难免,敬请广大读者批评指正.

目录 Contents

第一章 绪 论

第二章 直流电机的原理与结构

第三章 直流电动机的电力拖动

第四章 变 压 器

第五章 三相异步电动机的基本原理

第六章 异步电机的运行原理

第七章 三相异步电动机的电力拖动

第八章 电力拖动系统电动机的选择

第一章 绪 论

§1-1 电机及电力拖动简介

一、什么是电机

在现代生活中，电能是一种被广泛应用的能源.电能与其他能源相比，有突出的优点.首先，电能的生产与转换比较经济；其次，电能传输与分配比较容易；再者，电能的使用与控制比较方便，且易于实现自动化.因此，在现代社会中，电能的应用已遍及各行各业.

在电能的生产、转换、传输、分配、使用与控制等方面，都必须通过能够进行能量（或信号）传递与变换的电磁机械装置，这些电磁机械装置被广义地称为电机.通常所说的电机，是指那些利用电磁感应原理设计制造而成的可用于实现能量（或信号）传递与变换的电磁机械的统称.按电机的功能来分类，电机可分为：

（1）发电机——把机械能转变成电能.

（2）电动机——把电能转变成机械能.

（3）变压器、变频机、变流机、移相器等，是分别用于改变电压、频率、电流及相位的，即把一种类型的电能转变成另一种类型的电能.

（4）控制电机——应用于各类自动控制系统中的控制元件.

值得注意的是，从基本工作原理来看，发电机与电动机只是电机的两种不同的运行方式，从能量转换的观点来看，二者是可逆的.

上述的各种电机中，有些是静止的，如变压器；有些是旋转的，如各种类型的发电机与电动机.按电流的类型及工作原理的某些差异，旋转电机又可分为直流电机、交流异步电机、交流同步电机及各种具有专门用途的控制电机等.

二、电机以及电力拖动的发展概况

始于 19 世纪 60～70 年代的第二次工业技术革命，是以电力的广泛应用为显著特点的.从此人类社会由蒸汽机时代步入了电气化时代.在法拉第电磁感应定律的基础上，一系列电气发明相继出现.1866 年，德国工程师西门子制成发电机；1870 年，比利时人格拉姆发明了电动机，电力开始成为取代蒸汽来拖动机器的新能源.随后，各种用电设备相继出现.1882年,法国学者德普勒发明了远距离送电的方法.同年,美国著名发明家爱迪生创建了美国第一个火力发电站,把输电线结成网络.从此电力作为一种新能源被广泛应用.当时,电机刚刚在工业上初步应用,各种电机初步定型,电机设计理论和电机设计计算初步建立.随着社会生产的发展和科技的进步,人们对电机也提出了更高的要求,如性能良好、运行可靠、单位容量的重量轻体积小等.而且随着自动控制系统的发展要求,在旋转电机的理论基础上,又派生出多种精度高、响应快的控制电机,成为电机学科的一个独立分支.电机制造也向着大型、巨型方向发展.中小型电机正向多用途、多品种和高效节能方向发展.各种响应快速的特种电机在各种复杂的计算机控制系统和无人工厂中实现了比人的手脚更复杂而精巧的运动.古老的电机学已经和电力电子学、计算机、控制论结合起来,发展成了一门新的学科.

在我国,电机制造业也发生了巨大的变化.我国的电机生产从1917年至今已有90多年的历史,经过改革开放20多年的发展,特别是近10年的发展,有了长足的进步,令世人瞩目.目前已经形成比较完整的产业体系,电机产品的品种、规格、性能和产量满足了我国国民经济发展的需要.而且一些产品已经达到或接近世界先进水平.近来世界上电机行业专家纷纷预测,中国将会成为世界电动机的生产制造基地.近年来我国已生产了不少大型直流电动机、异步电动机和同步电动机;在中小型电机和控制电机方面,亦自行设计和生产了不少新系列电机;对电机的新理论、新结构、新工艺、新材料、新运行方式和调试方法进行了许多研究和试验工作,取得不少成果.

与电机发展过程一样,电力拖动技术也有一个不断发展的过程.电动机拖动生产机械的运转称为电力拖动(或称电气传动).电力拖动系统一般由控制设备、电动机、传动机构、生产机械和电源五部分组成,它们之间的关系如图1-1所示.

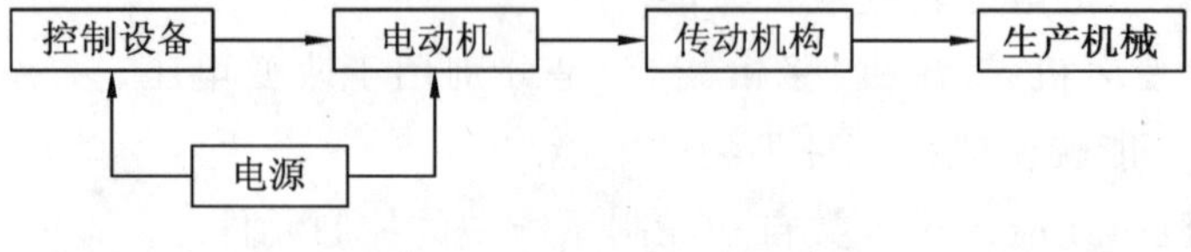

图1-1 电力拖动系统的构成

电力拖动代替蒸汽或水力拖动之初,电力拖动的方式是成组拖动,就是由一台电动机拖动一组生产机械,从电动机到各个生产机械的能量传递以及各个生产机械之间的能量分配完全用机械的方法,靠"天轴"以及机械传动系统来实现,车间里有大量的"天轴"、长皮带和皮带轮等.这种传动方式效率低、灰尘大,劳动条件和卫生条件差,且容易出事故.另外,电动机发生故障,则成组拖动的所有生产机械都将停车,生产将可能停滞.显然这是一种落后的电力拖动方式.

20世纪20年代以来,生产机械上广泛采用一种"单电机拖动系统",即一台生产机械用一台单独的电动机拖动,简化了机械结构,且易于实现生产设备运转的全部自动化.但是,由于是一台电动机拖动具有多个工作机构的生产机械,需要负责能量传递的机械传动机构.所以,从20世纪30年代起,广泛采用了"多电动机拖动系统",即每个工作机构由单独的电动机拖动，因而生产机械的机械结构可以大大简化，提高了机械结构的可靠性.

随着生产的发展和科技水平的提高，对拖动系统提出了更高的要求，例如：要求提高加工精度与工作速度，要求快速启动、制动及反转，实现在大范围内调速以及整个生产过程自动化等. 这些都必须要有自动控制设备以组成自动化的电力拖动系统.

最早的电力拖动控制系统是继电器-接触器自动控制系统，属于有触点断续控制系统. 接着，出现了发电机-电动机组，使得直流电动机得到了广泛的应用. 在此基础上，发展成了由电力电子器件组成的自动化直流电力拖动系统，并且正向大容量方向发展；自动化元件已有成套标准控制单元，控制装置集成化、小型化、微型化、设备可靠性高、维护简便，许多设备都可做到自动运行，不需要监视和维护.

由于交流电动机与直流电动机相比较，具有结构简单、价格便宜、维护方便、惯性小等一系列优点，而且单机容量可以做得很大，电压等级可以做得很高，可以实现高速拖动等，所以，人们一直在致力于研究性能更高的交流调速系统. 目前，随着电力电子器件的发展，交流调速系统已经得到了广泛应用，性能指标进一步提高，容量进一步增大，控制系统集成化程度进一步提高. 交流电力拖动系统取代直流电力拖动系统已经是无可争议的事实了.

我国的电力拖动系统取得的发展是有目共睹的，但与国外比较，还是有很大差距. 主要体现在：技术水平相对较低、拖动运行效率不高、成套技术不成熟等. 目前，我们正在奋起直追，狠抓基础，开展一些关键技术的研究，以期尽快缩短与国外的差距，力争达到最佳的拖动系统的综合技术经济指标.

三、电机及电力拖动系统的发展前景

在电气化、信息化时代，对电机在性能、可靠性及容量等方面提出了更高的要求. 交流变频调速系统及变频电机、大功率无刷直流电机、永磁同步无刷电机等得到了很大发展. 同时，随着新兴行业的发展，微电机亦成为电机行业发展的亮点，是我国电工电器行业（电机）发展的重点产品. 稀土永磁电机、无轴承电机也是电机技术发展的新动向.

与此相适应，电机拖动也有了新的发展，对拖动系统又提出了更高的要求，如要求提高加工的精度和工作的速度，要求快速启动、制动和逆转，实现在很宽范围内的调速及整个生产过程的自动化等，这就需要有一整套自动控制设备组成自动化的电力拖动系统. 而这些高要求的拖动系统随着自动控制理论的不断发展、半导体器件和电力电子技术的采用以及数控技术计算机技术的发展与采用，正在不断地完善和提高.

综上所述，电力拖动技术发展至今，它具有许多其他拖动方式无法比拟的优点. 它启动、制动、反转和调速的控制简单、方便、快速且高效；电动机的类型多，且具有各种不同的运行特性，可以满足各种类型生产机械的要求；整个系统各参数的检测和信号的变换与传送方便，易于实现最优控制. 因此，电力拖动已成为国民经济电气自动化的基础.

§1-2 本课程的性质、任务、内容和特点

电机拖动基础是电气工程及其自动化专业的一门专业基础课．它的主要任务是使学生掌握常用的交直流电机、变压器、控制电机等的基本结构与工作原理，电力拖动系统的运行性能、分析计算，电机容量选择及试验方法等，为学习工厂电气控制设备、自动控制原理、信号与系统等课程准备必要的基础知识．

电机拖动基础是分析和解决电机与电力拖动系统的基本问题，主要包括直流电机及拖动、变压器、异步电机及拖动、同步电动机、控制电机和电动机容量的选择等内容．

学生应掌握常用的交直流电机及变压器的基本原理（电磁关系、能量关系）；掌握电动机机械特性以及各种运行状态的基本原理；掌握电力拖动系统中电动机的调速方法、调速原理和技术经济指标；掌握电机与电力拖动系统的基本实验方法与技能，并具有熟练的运算能力；掌握电力拖动系统中电动机容量的选择；掌握控制电机的工作原理、特性及用途．

本课程具有较强的理论性和实践性，学习时应该特别注意理论联系实际．

§1-3 本课程常用的电磁定律与公式

一、电路定律

1．欧姆定律

$$I=\frac{U}{R},U=IR,R=\frac{U}{I},\dot{I}=\frac{\dot{U}}{Z}$$

2．基尔霍夫第一定律（电流定律）

$$\sum I=0$$

$$\sum i=0 \text{ 或 } \sum \dot{I}=0$$

3．基尔霍夫第二定律（电压定律）

$$\sum U=\sum E$$

$$\sum u=\sum e \text{ 或 } \sum \dot{U}=\sum \dot{E}$$

二、全电流定律（安培环路定律）

1．电流磁效应

凡是电流均会在其周围产生磁场，叫电流的磁效应，即所谓“电生磁”．磁力线的方向可根据电流的方向按右手螺旋定则确定．

2. 磁路的几个基本物理量

（1）磁感应强度 B.

B 的方向：与所在点磁场方向一致.

B 的大小：与磁场方向垂直的单位面积内穿过的磁力线的数目.

B 的单位为 T：$1\mathrm{T}=10^4\mathrm{Gs}$.

（2）磁通量.

穿过某一截面 S 的磁感应强度 B 的通量，即穿过某截面 S 的磁力线的数目，故称为磁通量，简称磁通.

$$\Phi=\int_{\mathrm{S}} B\cdot \mathrm{d}S$$

磁场均匀且与截面垂直时，$\Phi=BS$. $B=\dfrac{\Phi}{S}$称为磁通密度.

Φ 的单位为 Wb.　$1\mathrm{Wb}=10^8\mathrm{Mx}$.

（3）磁场强度 H.

$$H=\frac{B}{\mu} \quad 或 \quad B=\mu H$$

μ 为导磁介质的磁导率，反映介质的导磁性能，μ 大则导磁性能好. μ 的单位为 H/m，真空中的$\mu_0=4\pi\times10^7\,\mathrm{H/m}$. H 的单位为 A/m 或 A/cm.

一般地，$\mu=\mu_r\mu_0$，$\mu_r\approx2000\sim6000\,\mathrm{H/m}$（铁磁性材料）.

3. 全电流定律

磁场中沿任一闭合回路的磁场强度 H 的线积分等于该闭合回路所包围的所有导体电流的代数和，即

$$\oint H\mathrm{d}l=\sum I$$

当导体电流的方向与积分路径的方向符合右手螺旋关系时结果为正，反之为负.

三、磁路及磁路定律

磁路：磁通流通的路径.

1. 磁路的欧姆定律

将全电流定律用于图 1-2 所示的无分支磁路，可得

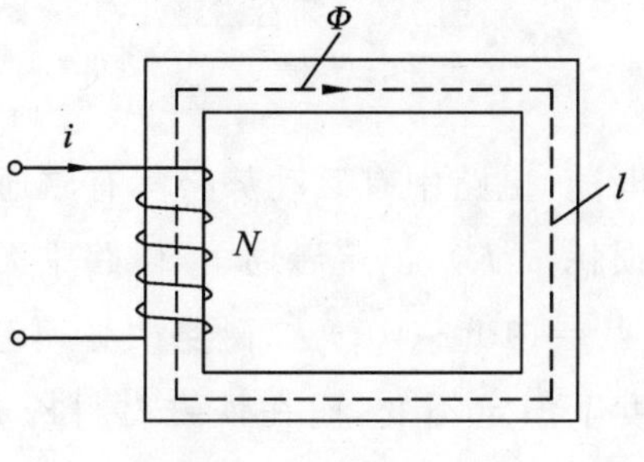

图 1-2　无分支磁路

$$\sum Hl = \sum I = Ni$$

$$Hl = \frac{\Phi l}{\mu A} = Ni$$

$$\Phi = \frac{Ni}{\frac{l}{\mu A}} = \frac{F}{R_{\mathrm{m}}} = F\Lambda_{\mathrm{m}}$$

磁阻

$$R_{\mathrm{m}} = \frac{l}{\mu A}$$

磁导

$$\Lambda_{\mathrm{m}} = \frac{1}{R_{\mathrm{m}}}$$

铁磁材料的磁化曲线磁路中的磁通 Φ 与作用在该磁路上的磁动势成正比，与磁路磁阻成反比，称为磁路的欧姆定律.

2. *磁路的基尔霍夫第一定律*

对任一封闭面而言，穿入的磁通必等于穿出的磁通，这是磁通连续原理. 对有分支的磁路在磁通汇合处的封闭面上磁通的代数和等于零，即 $\sum \Phi = 0$. 图 1-3 中，$\Phi_1 + \Phi_2 - \Phi_3 = 0$.

3. *磁路的基尔霍夫第二定律*

将全电流定律应用到任一闭合磁路上，有

$$\oint \overline{H} \mathrm{d}\overline{l} = \sum Hl = \sum Ni = \sum F = \sum \Phi R_{\mathrm{m}}$$

磁压降的代数和等于磁动势的代数和.

图 1-3 中，$F_1 - F_2 = N_1 i_1 - N_2 i_2 = H_1 l_1 - H_2 l_2 = \Phi_2 R_{\mathrm{m1}} - \Phi_2 R_{\mathrm{m2}}$.

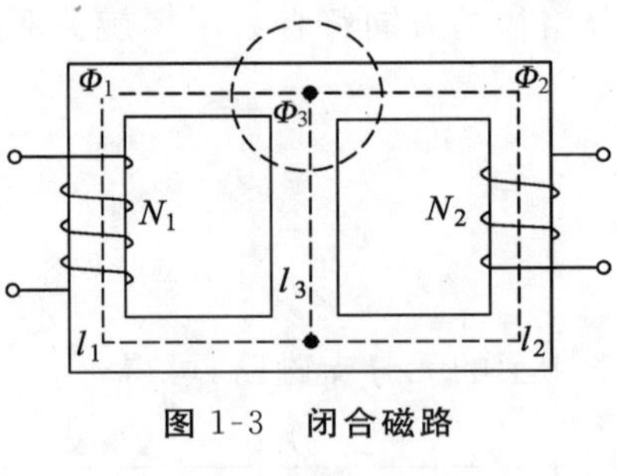

图 1-3　闭合磁路

磁路和电路的差别：

(1) 电路可以有电势无电流，磁路中有磁动势必然有磁通.

(2) 电路中有电流就有损耗(I^2R)，恒定磁通下，磁路中无损耗.

(3) $G_{导} \approx G_{绝} \times 10^{20}$，而 $\mu_{\mathrm{Fe}} = (10^3 \sim 10^4)\mu_0$，磁路中必须考虑漏磁通.

(4) 电阻率 ρ 在一定温度下恒定不变，而在铁磁材料构成的磁路中，μ 随 B 变化，即 R_{m} 随饱和度增加而增加.

四、电磁感应定律

$$e=\frac{\mathrm{d}\Phi}{\mathrm{d}t}=-N\frac{\mathrm{d}\Phi}{\mathrm{d}t}$$

1. 变压器电动势

线圈与磁通之间没有相对切割关系，仅由线圈交链的磁通发生变化而引起的感应电动势称为变压器电动势.

2. 运动电动势(速率电动势)

若磁场恒定，构成线圈的导体切割磁力线，使线圈交链的磁通发生变化，导体中感应的电动势称为运动电动势. 当三方向互相垂直时，其大小 $e=Blv$，方向由右手定则确定.

五、电磁力定律

载流导体在磁场中要受到电磁力的作用，当三方向互相垂直时，其大小为 $f=Bli$，方向由右手定则确定.

第二章

直流电机的原理与结构

直流电动机和直流发电机通称为直流电机，二者是可逆的. 若把直流电能转换为机械能量称为电动机，反之称为发电机. 直流电动机与交流异步电动机相比，具有较好的启动性能，能较宽的范围内达到平滑无级地调速，同时又比较经济，所以被广泛地应用于轧钢机、电力机车、大型机床拖动系统以及玩具行业中. 直流发电机主要是采用交流电机拖动作直流电源，但随着电力电子技术的发展，晶闸管变流装置将逐步取代用作直流电源的直流发电机.

电机是利用电磁作用原理进行能量转换的机械装置. 直流电机能将直流电能转换为机械能，或将机械能换转为直流电能. 将直流电能转换成机械能的装置称为直流电动机，将机械能转换为直流电能的装置称为直流发电机. 直流电机具有结构复杂、使用有色金属多、生产工艺复杂、价格昂贵、运行可靠性差等缺点，限制了直流电机的广泛应用. 随着近年来电力电子学和微电子学的迅速发展，在很多领域内，直流电动机将逐步被交流调速电动机所取代，直流发电机则正在被电力电子器件整流装置所取代. 但是直流电机具有良好的启动性能和调速性能、较大的过载能力等优点，使得直流电机在许多场合仍继续发挥重要作用. 直流电动机常应用于那些对启动和调速性能要求较高的生产机械，如大型机床、电力机车、轧钢机、矿井卷扬机、船舶机械、造纸机和纺织机等. 直流发电机作为直流电源，供给需要直流电能的场合，如化工中的电解、电镀等. 本章主要分析直流电动机的原理、结构、性能、磁场、感应电动势、电磁转矩等问题.

§2-1　直流电机的基本工作原理

图 2-1 所示是一台直流电机的最简单模型. N 和 S 是一对固定的磁极，可以是电磁铁，也可以是永久磁铁. 磁极之间有一个可以转动的铁质圆柱体，称为电枢铁芯. 铁芯表面固定一个用绝缘导体构成的电枢线圈 *abcd*，线圈的两端分别接到相互绝缘的两个半圆形铜片（换向片）上，它们组合在一起称为换向器，在每个半圆铜片上又分别放置一个固定不动且与之滑动接触的电刷 A 和 B，线圈 *abcd* 通过换向器和电刷接通外电路.

一、直流电动机的工作原理

加于直流电动机的直流电源，借助于换向器和电刷的作用，使直流电动机电枢线圈中流过的电流的方向是交变的，从而使电枢产生的电磁转矩的方向恒定不变，确保直流电动机朝确定的方向连续旋转. 这就是直流电动机的基本工作原理. 直流电动机电枢圆周上均匀地嵌放许多线圈，相应地换向器由许多换向片组成，使电枢线圈所产生的总的电磁转矩足够大并且比较均匀，电动机的转速也就比较均匀.

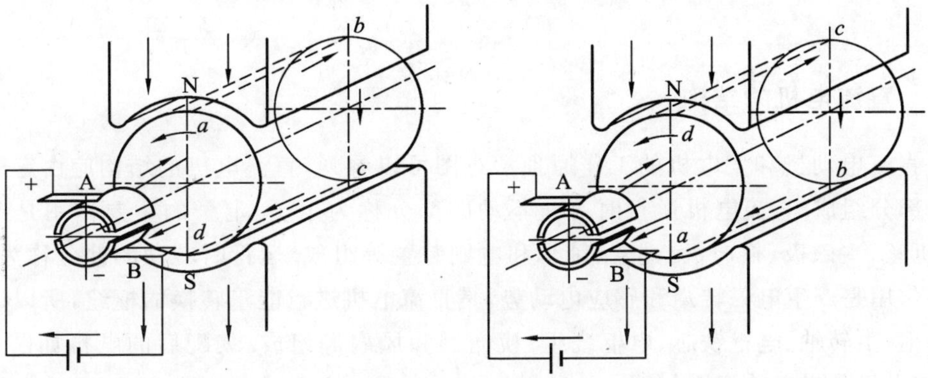

(a) (b)

图 2-1 直流电动机工作原理示意图

二、直流发电机的工作原理

同直流电动机一样，直流发电机电枢线圈中的感应电动势的方向也是交变的，通过换向器和电刷的整流作用，在电刷 A、B 上输出的电动势是极性不变的直流电动势. 在电刷 A、B 之间接上负载，发电机就能向负载供给直流电能. 这就是直流发电机的基本工作原理.

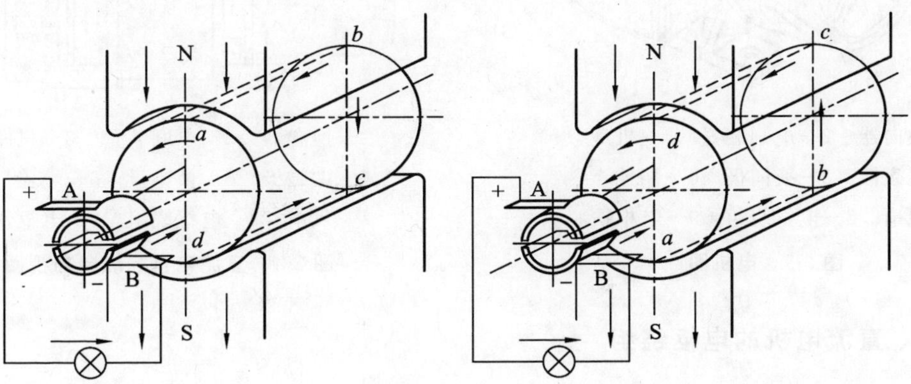

(a) (b)

图 2-2 直流发电机工作原理示意图

从以上分析可以看出：一台直流电机原则上可以作为电动机运行，也可以作为发电机运行，取决于外界不同的条件. 将直流电源加于电刷，输入电能，电机能将电能转换为机械能，拖动生产机械旋转，作为电动机运行；如用原动机拖动直流电机的电枢旋转，输入机械能，电机能将机械能转换为直流电源，从电刷上引出直流电动势，作为发电机运行. 同一台电机，既能作电动机运行，又能作发电机运行的原理，称为电机的可逆原理.

§2-2 直流电机的结构和额定值

一、直流电机的结构

由直流电动机和发电机的工作原理示意图可以看到，直流电机的结构应由定子和转子两大部分组成. 直流电机运行时静止不动的部分称为定子，定子的主要作用是产生磁场，由机座、主磁极、换向极、端盖、轴承和电刷装置等组成. 运行时转动的部分称为转子，其主要作用是产生电磁转矩和感应电动势，是直流电机进行能量转换的枢纽，所以通常又称为电枢，由转轴、电枢铁芯、电枢绕组、换向器和风扇等组成. 装配后的电机如图 2-3 所示. 直流电机的纵向剖视图如图 2-4 所示.

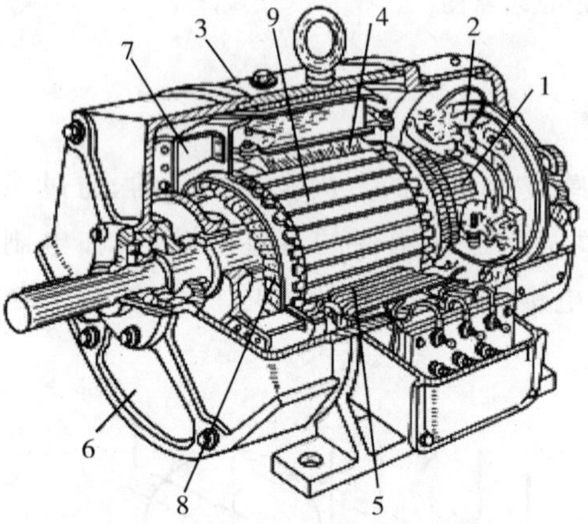

1—换向器　2—电刷装置　3—机座
4—主磁极　5—换向极　6—端盖
7—风扇　8—电枢绕组　9—电枢铁芯

图 2-3　电机图

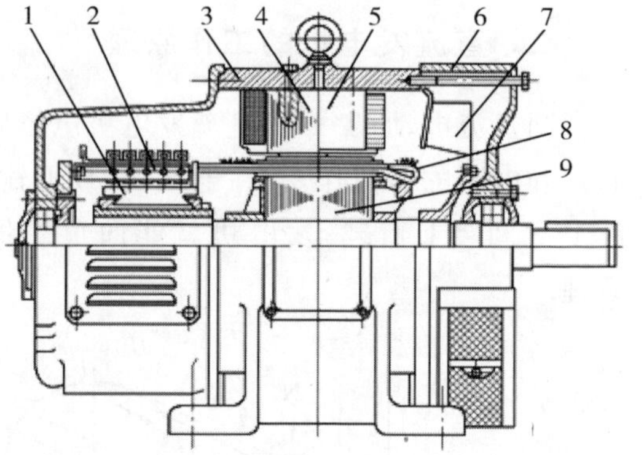

1—换向器　2—电刷装置　3—机座
4—主磁极　5—换向极　6—端盖
7—风扇　8—电枢绕组　9—电枢铁芯

图 2-4　直流电机的纵向剖视图

二、直流电机的电枢绕组

按照连接规律的不同，电枢绕组分为单叠绕组（见图 2-5）、单波绕组（见图 2-6）、复叠绕组、复波绕组、蛙绕组等多种类型. 本节先介绍元件的基本特点，再以单叠绕组和单波绕组为例阐述电枢绕组的构成原理和连接规律.

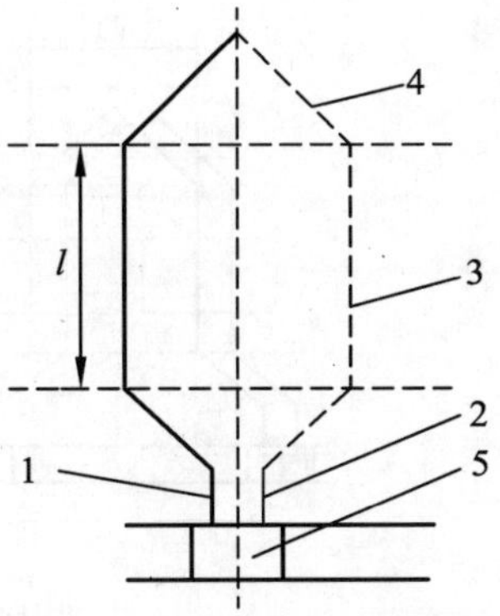

1—首端　2—末端　3—元件边　4—端接部分　5—换向片

图 2-5　**单叠绕组元件**

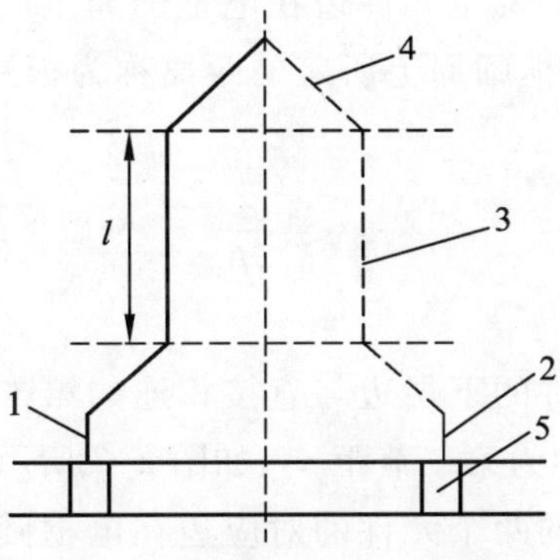

1—首端　2—末端　3—元件边　4—端接部分　5—换向片

图 2-6　**单波绕组元件**

1. 电枢绕组元件

电枢绕组元件由绝缘漆包铜线绕制而成，每个元件有两个嵌放在电枢槽内且能与磁场作用产生转矩或电动势的有效边，称为元件边. 元件的槽外部分亦即元件边以外的部分称为端接部分. 为便于嵌线，每个元件的一个元件边嵌放在某一槽的上层，称为上层边，画图时以实线表示；另一个元件边则嵌放在另一槽的下层，称为下层边，画图时以虚线表示. 每个元件有两个出线端，称为首端和末端，均与换向片相连，如图 2-5、图 2-6 所示. 每一个元件有两个元件边，每片换向片又总是接一个元件的上层边和另一个元件的下层边，所以元件数 S 总等于换向片数 K，即 $S=K$；而每个电枢槽分上下两层嵌放两个元件边，所以元件数 S 又等于槽数 Z，即 $S=K=Z$.

2. 节距

节距是用来表征电枢绕组元件本身和元件之间连接规律的数据. 直流电机电枢绕组的节距有第一节距 y_1、第二节距 y_2、合成节距 y 和换向器节距 y_k 4 种，如图 2-7 所示.

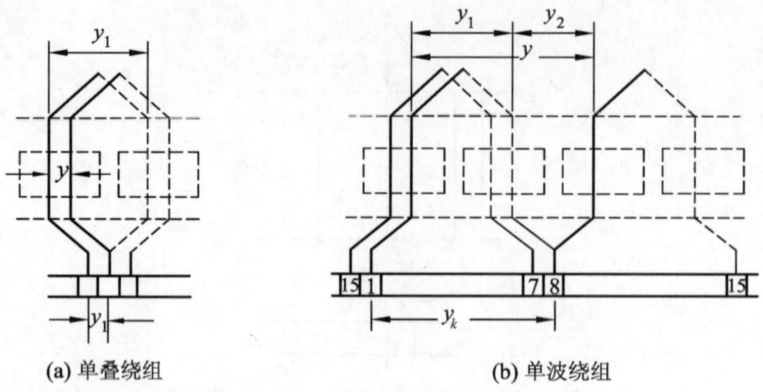

图 2-7 电枢绕组节距

(1) 第一节距. 同一元件的两个元件边在电枢圆周上所跨的距离,用槽数来表示,称为第一节距 y_1. 一个磁极在电枢圆周上所跨的距离称为极距 τ,当用槽数表示时,极距的表达式为

$$\tau=\frac{Z}{2p}$$

式中,p 为磁极对数.

(2) 第二节距. 第一个元件的下层边与直接相连的第二个元件的上层边之间在电枢圆周上的距离,用槽数表示,称为第二节距 y_2,如图 2-7 所示.

(3) 合成节距. 直接相连的两个元件的对应边在电枢圆周上的距离,用槽数表示,称为合成节距 y,如图 2-7 所示.

(4) 换向器节距. 每个元件的首、末两端所连接的两片换向片在换向器圆周上所跨的距离,用换向片数表示,称为换向器节距 y_k. 由图 2-7 可见,换向器节距 y_k 与合成节距 y 总是相等的,即 $y_k=y$.

三、直流电机的励磁方式

励磁绕组的供电方式称为励磁方式. 按励磁方式的不同,直流电机可以分为以下 4 类.

1. 他励直流电机

励磁绕组由其他直流电源供电,与电枢绕组之间没有电的联系,如图 2-8(a)所示. 永磁直流电机属于他励直流电机,因其励磁磁场与电枢电流无关. 图 2-8(a)中电流正方向是以电动机为例设定的.

2. 并励直流电机

励磁绕组与电枢绕组并联,如图 2-8(b)所示. 励磁电压等于电枢绕组端电压. 以上两类电机的励磁电流只有电机额定电流的 1%～5%,所以励磁绕组的导线细且匝数多.

3. 串励直流电机

励磁绕组与电枢绕组串联,如图 2-8(c)所示. 励磁电流等于电枢电流,所以励磁绕组的导线粗且匝数较少.

4. 复励直流电机

每个主磁极上套有两套励磁绕组，一个与电枢绕组并联，称为并励绕组；另一个与电枢绕组串联，称为串励绕组，如图 2-8(d)所示. 两个绕组产生的磁动势方向相同时称为积复励，两个磁动势方向相反时称为差复励，通常采用积复励方式.

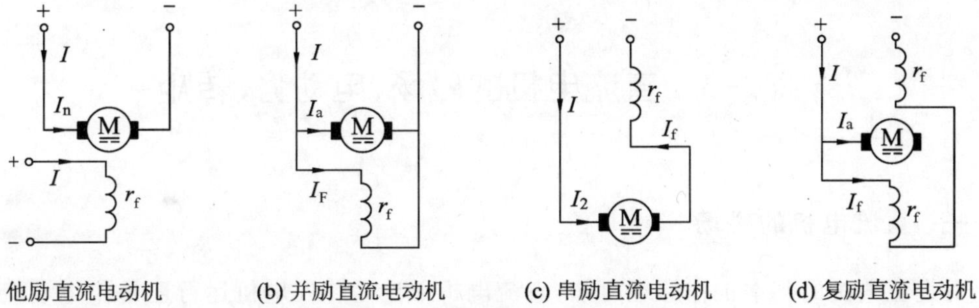

(a) 他励直流电动机　(b) 并励直流电动机　(c) 串励直流电动机　(d) 复励直流电动机

图 2-8　直流电动机的分类

直流电机的励磁方式不同，运行特性和适用场合也不同.

四、直流电机的额定值

电机制造厂按照国家标准，根据电机的设计和试验数据而规定的每台电机的主要性能指标称为电机的额定值. 额定值一般标在电机的铭牌或产品说明书上.

直流电机的额定值主要有下列几项：

1. 额定功率 P_N

额定功率是指电机按照规定的工作方式运行时所能提供的输出功率. 对电动机来说，额定功率是指转轴上输出的机械功率；对发电机来说，额定功率是指电枢输出的电功率. 单位为 kW(千瓦).

2. 额定电压 U_N

额定电压是电机电枢绕组能够安全工作的最大外加电压或输出电压，单位为 V(伏).

3. 额定电流 I_N

额定电流是电机按照规定的工作方式运行时，电枢绕组允许流过的最大电流，单位为 A(安培).

4. 额定转速 n_N

额定转速是指电机在额定电压、额定电流和输出额定功率的情况下运行时，电机的旋转速度，单位为 r/min(转/分).

额定值一般标在电机的铭牌上，又称为铭牌数据. 还有一些额定值，如额定转矩 T_N、额定效率 η_N 等，不一定标在铭牌上，可查产品说明书或由铭牌上的数据计算得到.

额定功率与额定电压和额定电流之间有如下关系：

直流电动机：$P_N = U_N I_N \eta_N \times 10^3$ kW.

直流发电机：$P_N = U_N I_N \times 10^3$ kW.

直流电机运行时，如果各个物理量均为额定值，就称电机工作在额定运行状态，亦称为满载运行. 在额定运行状态下，电机利用充分，运行可靠，并具有良好的性能. 如果电机的电枢电流小于额定电流，称为欠载运行；如果电机的电枢电流大于额定电流，称为过载运行. 欠载运行时电机利用不充分，效率低；过载运行时易引起电机过热.

§2-3 直流电机的磁场、电动势、转矩

一、直流电机的磁场

由直流电机的基本工作原理可知，直流电机无论是作发电机运行还是作电动机运行，都必须具有一定强度的磁场，所以磁场是直流电机进行能量转换的媒介. 因此，在分析直流电机的运行原理前，必须先对直流电机中磁场的大小及分布规律等有所了解.

直流电机空载时励磁磁势单独产生的气隙磁密分布为一平顶波，如图 2-9(b)所示，接负载时，电枢绕组流过电枢电流 I_a，产生电枢磁势 F_a，与励磁磁势 F_f 共同建立负载时的气隙合成磁密，必然会使原来的气隙磁密的分布发生变化. 通常把电枢磁势对气隙磁密分布的影响称为电枢反应.

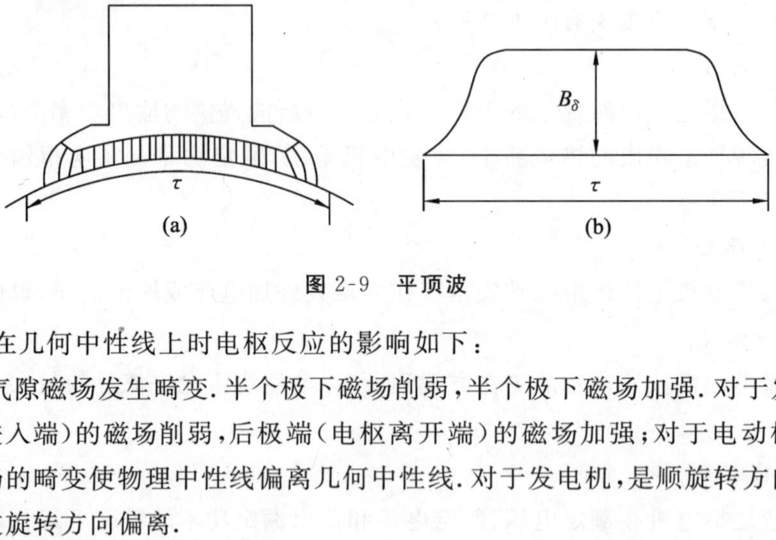

图 2-9 平顶波

电刷放在几何中性线上时电枢反应的影响如下：

(1) 使气隙磁场发生畸变. 半个极下磁场削弱，半个极下磁场加强. 对于发电机，是前极端(电枢进入端)的磁场削弱，后极端(电枢离开端)的磁场加强；对于电动机，则与此相反. 气隙磁场的畸变使物理中性线偏离几何中性线. 对于发电机，是顺旋转方向偏离；对于电动机，是逆旋转方向偏离.

(2) 磁路饱和时，有去磁作用. 因为磁路饱和时，半个极下增加的磁通小于另半个极下减少的磁通，使每个极下总的磁通有所减小.

二、电枢绕组的感应电动势

电枢绕组的感应电动势是指直流电机正负电刷之间的感应电动势，也就是电枢绕组

的一条并联支路的电动势.电枢旋转时,电枢绕组元件边内的导体切割电动势,由于气隙合成磁密在一个极下的分布不均匀,所以导体中感应电动势的大小是变化的.为分析推导方便起见,可把磁密看成是均匀分布的,取每个极下气隙磁密的平均值 B_{av},从而可得一根导体在一个极距范围内切割气隙磁密产生的电动势的平均值 e_{av},其表达式为

$$e_{av}=B_{av}lv$$

式中,B_{av} 为一个极下气隙磁密的平均值,称为平均磁通密度;l 为电枢导体的有效长度(槽内部分);v 为电枢表面的线速度.

由于 $B_{av}=\dfrac{\Phi}{\tau l}$,$v=\dfrac{n}{60}2p\tau$,所以一根导体感应电动势的平均值为

$$e_{av}=\frac{\Phi}{\tau l}l\ \frac{n}{60}2p\tau=\frac{2p}{60}\Phi n$$

设电枢绕组总的导体数为 N,则每一条并联支路总的串联导体数为 $\dfrac{N}{2a}$,因而电枢绕组的感电动势为

$$E_a=\frac{N}{2a}e_{av}=\frac{N}{2a}\ \frac{2p}{60}\Phi n=\frac{pN}{60a}\Phi n=C_e\Phi n$$

式中,对已经制造好的电机,$C_e=\dfrac{pN}{60a}$是一个常数,故称为直流电机的电动势常数.

当每极磁通 Φ 的单位为 Wb(韦伯),转速单位为 r/min 时,电动势 E_a 的单位为 V.上式表明:对已制成的电机,电枢电动势 E_a 与每极磁通 Φ 和转速 n 成正比.

三、电枢绕组的电磁转矩

电枢绕组中流过电枢电流 I_a 时,元件的导体中流过支路电流 i_a,成为载流导体,在磁场中受到电磁力的作用.电磁力 f 的方向按左手定则确定.一根导体所受电磁力的大小为

$$f_x=B_xli_a$$

如果仍把气隙合成磁场看成是均匀分布的,气隙磁密用平均值 B_{av} 表示,则每根导体所受电磁力的平均值为

$$f_{av}=B_{av}li_a$$

一根导体所受的电磁力形成电磁转矩,其大小为

$$T_{av}=f_{av}\frac{D}{2}$$

式中,D 为电枢外径.

不同极性磁极下的电枢导体中电流的方向也不同,所以电枢所有导体产生的电磁转矩方向不是一致的,因而电枢绕组的电磁转矩等于一根导体电磁转矩的平均值 T_{av} 乘以电枢绕组总的导体数 N,即

$$T=NT_{av}=NB_{av}li_a\frac{D}{2}=N\frac{\Phi}{\tau l}l\frac{I_a}{2a}\cdot\frac{1}{2}\cdot\frac{2p\tau}{\pi}=\frac{pN}{2\pi a}\Phi I_a=C_T\Phi I_a$$

式中，对已制成的电机，$C_T=\frac{pN}{2\pi a}$是一个常数，称为直流电机的转矩常数.

当磁通的单位为Wb，电流的单位为A时，电磁转矩T的单位为N·m(牛·米).上式表明：对已制成的电机，电磁转矩T与每极磁通Φ和电枢电流I_a成正比.

电枢电动势$E_a=C_e\Phi n$和电磁转矩$T=C_T\Phi I_a$是直流电机的两个重要公式.对于同一台直流电机，电动势常数C_e和转矩常数C_T之间具有确定的关系：

$$C_T=\frac{60a}{2\pi a}C_e=9.55C_e$$

$$C_e=\frac{2\pi a}{60a}C_T=0.105C_T$$

§2-4 直流电动机的基本平衡方程式

直流电动机的基本平衡方程式是指直流电动机稳定运行时，电路系统的电压平衡方程式、能量转换过程中的功率平衡方程式和机械系统的转矩平衡方程式.

一、电压平衡方程式

电枢回路的电势平衡方程式为

$$U=E_a+I_ar_a+2\Delta u_s$$

式中，I_a为电枢电流；r_a为电枢回路的电阻；$2\Delta u_s$为正负电刷的接触电压降落.在额定负载时，一般情况下取$2\Delta u_s=2$V.

在电动机运行状态下，由于$U>E_a$，电流从电网流入电枢绕组，成为电动机运行的电能.同样，在电动机运行状态下，电枢会产生电磁转矩，电磁转矩的方向与转向相同，成为驱动转矩.

同一台电动机既可作为电动机运行，又可作为发电机运行，只是各有异同.在两种运行状态下，电枢绕组中均产生感应电动势.如果端电压U大于感应电动势E_a，即$U>E_a$，电流从电网流入电枢绕组，成为电动机运行；反之，如果$U<E_a$，则电枢绕组向外输送电流，成为发电机运行.同样，在这两种运行状态下，电枢均产生电磁转矩.在电动机中，电磁转矩与转向同方向，成为驱动转矩；而在发电机中，电磁转矩与转向相反，使之成为制动转矩.

二、功率平衡方程式

以并励电动机为例来进一步论述电动机内部的功率平衡关系.并励电动机的负载电流I为电枢电流I_a与励磁电流I_f之和，即$I=I_a+I_f$.

由电网输入的电功率为

$$P_1=UI=UI_a+UI_f=UI_a+p_f$$

$$UI_a=E_aI_a+I_a^2r_a+2\Delta u_sI_a=P_M+p_a+p_b$$

式中，P_M 称为电磁功率，是电枢电流 I_a 与电枢电动势 E_a 的乘积，是电枢绕组因切割主磁通而产生的电功率. 输入至电枢回路中的功率除了一小部分化作电枢回路的铜损 p_a 和电刷接触电损耗 p_b 外，大部分为电磁功率 P_M. 在直流电动机情况下，电磁功率就是转变为机械功率的功率. 这一转变而来的机械功率尚不能全部被利用，还需克服铁芯损耗 p_{Fe}、机械损耗 p_m 和杂散损耗 p_Δ 后，才是电动机轴上的输出功率 P_2，即有

$$P_M=P_2+p_m+p_{Fe}+p_\Delta$$

电动机的功率平衡方程式为

$$P_1=P_2+p_f+p_a+p_b+p_m+p_{Fe}+p_\Delta=P_2+\sum p$$

画出直流并励电动机的功率流程图，如图 2-10 所示.

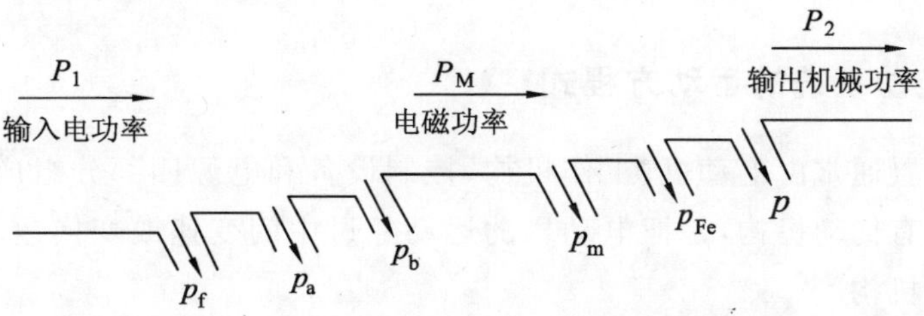

图 2-10　直流并励电动机的功率流程图

三、转矩平衡方程式

直流电动机的转矩平衡方程式是

$$T=T_2+T_0$$

式中，$T=\dfrac{P_M}{\omega}=\dfrac{E_aI_a}{\omega}=\dfrac{pN}{2\pi a}\Phi I_a$ 为电磁转矩；$T_2=\dfrac{P_2}{\omega}$ 为电动机轴上的输出转矩；$T_0=\dfrac{p_m+p_{Fe}+p_\Delta}{\omega}$ 为由机械损耗、铁芯损耗和杂散损耗引起的空载转矩.

电动机轴上的电磁转矩一部分与负载转矩相平衡，另一部分是空载损耗.

第三章 直流电动机的电力拖动

§3-1 电力拖动系统的动力学基础

一、电力拖动系统的运动方程式

电力拖动装置通常由电动机、工作机构、控制设备和电源四部分组成.电动机和工作机构之间一般还有传动机构,是把电动机的运动经过中间变速或变换运动方式后再传给生产机械的工作机构.

1. *运动方程式*

对于直线运动,方程式为

$$F-F_Z=m\frac{\mathrm{d}v}{\mathrm{d}t}(\mathrm{N})$$

式中,F为拖动力;F_Z为阻力;$m\frac{\mathrm{d}v}{\mathrm{d}t}$为惯性力;$m$的单位为kg.

对于旋转运动,方程式为

$$T-T_Z=J\frac{\mathrm{d}\omega}{\mathrm{d}t}(\mathrm{N}\cdot\mathrm{m})$$

式中,T为拖动转矩;T_Z为阻转矩(或称负载转矩);$J\frac{\mathrm{d}\omega}{\mathrm{d}t}$为惯性转矩(或称加速转矩).

通常将转动惯量J用飞轮矩GD^2来表示,它们之间的关系为

$$J=m\rho^2=\frac{GD^2}{4g}$$

式中,m与G分别表示转动部分的质量(kg)与重量(N);ρ与D分别表示惯性半径与直径(m);$g=9.81\mathrm{m/s^2}$为重力加速度.

再将机械角速度ω用转速n表示,则可得运动方程式的实用形式为

$$T-T_Z=\frac{GD^2}{375}\frac{\mathrm{d}n}{\mathrm{d}t}$$

式中,GD^2为飞轮矩($\mathrm{N}\cdot\mathrm{m}^2$).

电动机的工作状态可由运动方程式判断.

(1) 当 $T=T_Z$，$\frac{dn}{dt}=0$，则 $n=0$ 或 $n=$常值，电动机静止或等速旋转，即拖动系统稳定运行.

(2) 当 $T>T_Z$，$\frac{dn}{dt}>0$，电力拖动系统加速运行.

(3) 当 $T<T_Z$，$\frac{dn}{dt}<0$，电力拖动系统减速运行.

2. 运动方程式中转矩的正负号分析

根据电动机和生成机械负载类型及运转状态的不同，运动方程式中的 T 和 T_Z 都有因方向变化而带来的正负号问题，一般可做如下规定：先规定某一方向为 n 的正方向，则转矩 T 的方向与此方向相同为正，反之为负；转矩 T_Z 的方向与此方向相反为正，相同为负.

$\frac{dn}{dt}$的大小及正负符号由 T 及 T_Z 的代数和来决定.

上述运动方程式是对一根轴而言的，适用于单轴系统. 对于多轴系统，就应列出多个方程联立求解，比较麻烦. 为此，通常只要把电动机轴作为研究对象即可，这就需要把实际的拖动系统折算为等效的单轴系统.

二、生产机械的负载转矩特性

将负载转矩与转速的关系用曲线表示，称为生产机械的负载转矩特性.

生产机械的品种繁多，特性各不相同，但大多数生产机械的负载转矩的特性可以归纳为以下三种类型.

1. 恒转矩负载特性

(1) 反抗性恒转矩负载特性.

T_Z的大小恒定不变，方向总是与运动方向相反. 负载转矩特性在第一和第三象限，如图 3-1 所示，如金属的压延、机床的平移机构等.

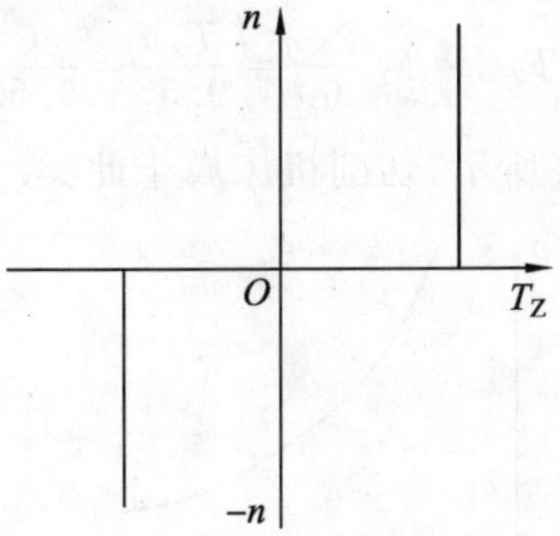

图 3-1　反抗性恒转矩负载特性

(2) 位能性恒转矩负载特性.

T_Z的大小和方向均与转速无关，不随机变化. 其负载转矩特性在第一和第四象限，如图 3-2 所示，如重物的提升与下放等.

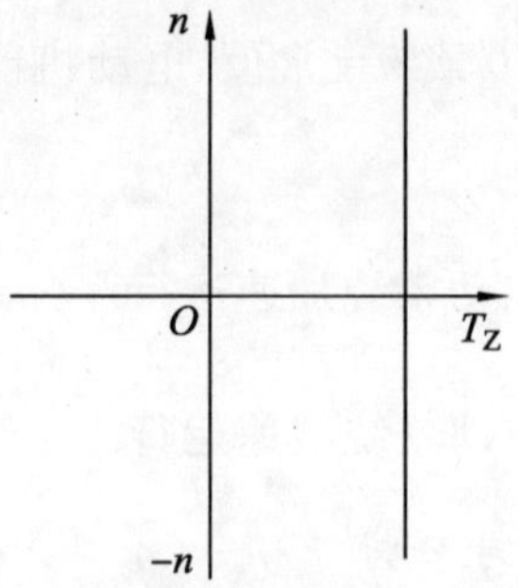

图 3-2　位能性恒转矩负载特性

2. 通风机负载特性

T_Z的大小基本上与转速 n 的平方成正比,即

$$T_Z = kn^2$$

式中,k 为比例常数.

其特性如图 3-3 所示,在第一、三象限,如风机、水泵、油泵等.

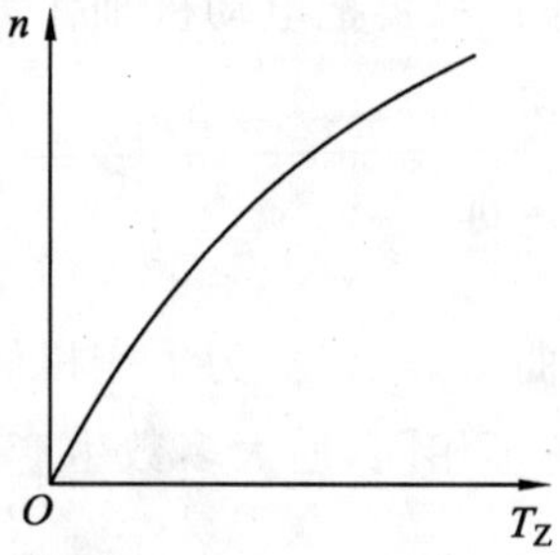

图 3-3　通风机负载特性

3. 恒功率负载特性

T_Z的大小基本上与转速 n 成反比,即 $T_Z = \frac{k}{n}$.

这时

$$P_Z = T_Z\omega = T_Z\frac{2\pi n}{60} = \frac{T_Z n}{9.55} = \frac{k}{9.55} = k_1$$

故称恒功率负载特性,如图 3-4 所示,切削机床属于此类.

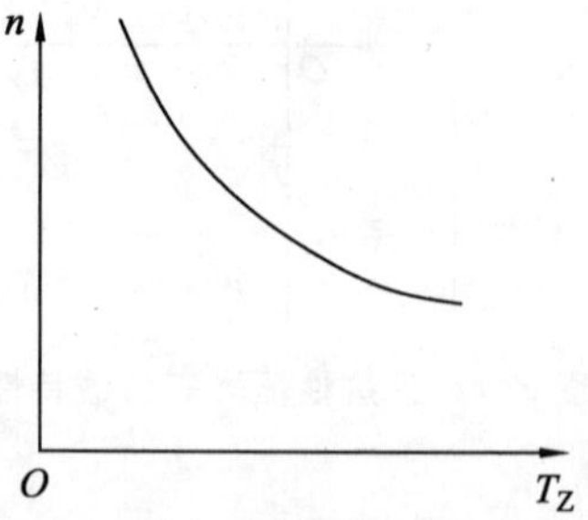

图 3-4　恒功率负载特性

实际生产机械的负载转矩特性可能是以上几种典型特性的综合.

§3-2　他励直流电动机的机械特性

电动机的电磁转矩 T 与转速 n 的关系曲线 $n=f(T)$ 称为电动机的机械特性.

一、机械特性方程式

由基本公式

$$T=C_T\Phi I_a$$

$$E_a=C_e\Phi n$$

$$U=E_a+I_aR$$

得

$$n=\frac{E_a}{C_e\Phi}=\frac{U-I_aR}{C_e\Phi}=\frac{U}{C_e\Phi}-\frac{R}{C_e\Phi}I_a=\frac{U}{C_e\Phi}-\frac{R}{C_eC_T\Phi^2}T=n_0-\beta T$$

式中，$n_0=\frac{U}{C_e\Phi}$称为理想空载转速；$\beta=\frac{R}{C_eC_T\Phi^2}$称为机械特性的斜率，大小反映软特性与硬特性；$\Delta n=\beta T=\frac{R}{C_eC_T\Phi^2}T$ 称为负载时的转速降.

当 U、R、Φ 为常数时，$n=f(T)$为一条向下倾斜的直线，如图 3-5 所示.

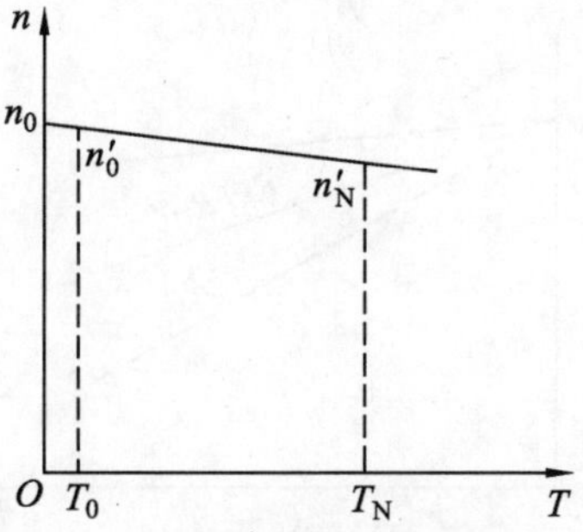

图 3-5　他励直流电动机的机械特性

电枢反应对机械特性的影响，可能使特性在 T 较大时上翘，如图 3-6 所示. 克服上翘现象的方法是装设稳定绕组.

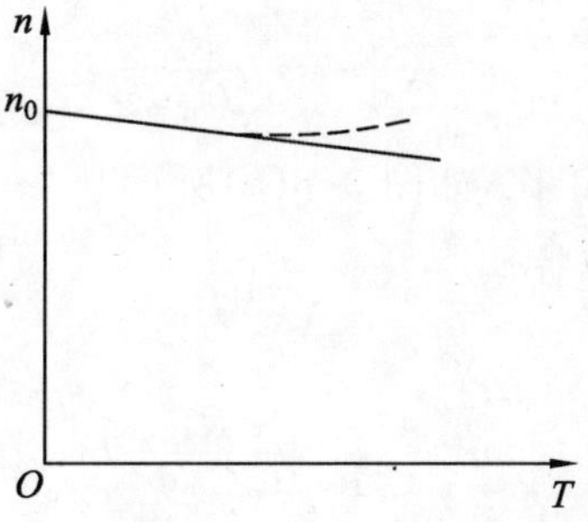

图 3-6　电枢反应对机械特性的影响

二、固有机械特性与人为机械特性

1. 固有机械特性

当 $U=U_N$、$\Phi=\Phi_N$、电枢回路不串电阻时的机械特性为固有机械特性. 其方程式为

$$n=\frac{U_N}{C_e\Phi_N}-\frac{R_a}{C_eC_T\Phi_N^2}T$$

由于 R_a 较小，特性的斜率 β 小，所以他励直流电动机的固有机械特性是一条稍稍向下倾斜的直线，如图 3-5 所示，称为硬特性，其额定转速变化率为

$$\Delta n_N\%=\frac{n_0-n_N}{n_N}100\%$$

一般为 10%左右.

2. 电枢串电阻时的人为机械特性

当 $U=U_N$、$\Phi=\Phi_N$、$R=R_a+R_\Omega$ 时，$n=f(T)$的方程式为

$$n=\frac{U_N}{C_e\Phi_N}-\frac{R_a+R_\Omega}{C_eC_T\Phi_N^2}T$$

可见 n_0 不变时，斜率随 R_Ω 的增大而增大，转速降也随串联电阻的加大而增加，如图 3-7 所示.

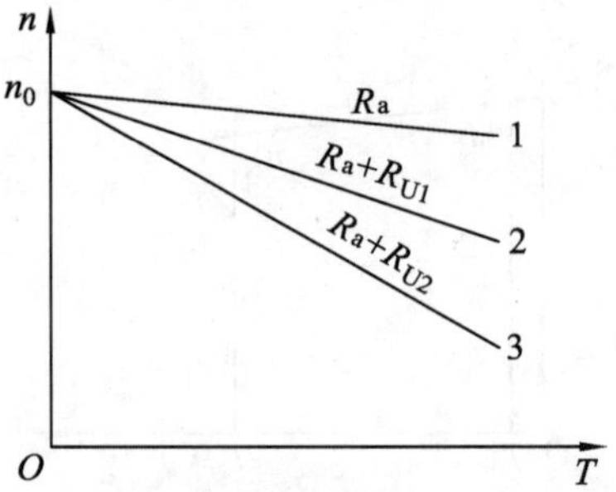

图 3-7　他励直流电动机的固有机械特性及电枢串联电阻时的人为机械特性

3. 改变电压时的人为机械特性

当 $\Phi=\Phi_N$、$R_\Omega=0$，改变电压时的机械特性的方程式为

$$n=\frac{U}{C_e\Phi_N}-\frac{R_a}{C_eC_T\Phi_N^2}T$$

特性的斜率 β 不变，n_0 与 U 成正比，如图 3-8(a)所示.

4. 减弱磁通时的人为机械特性

方程式为

$$n=\frac{U_N}{C_e\Phi}-\frac{R_a}{C_eC_T\Phi^2}T$$

随着磁通减弱，n_0 增大，斜率也增大，如图 3-8(b)所示.

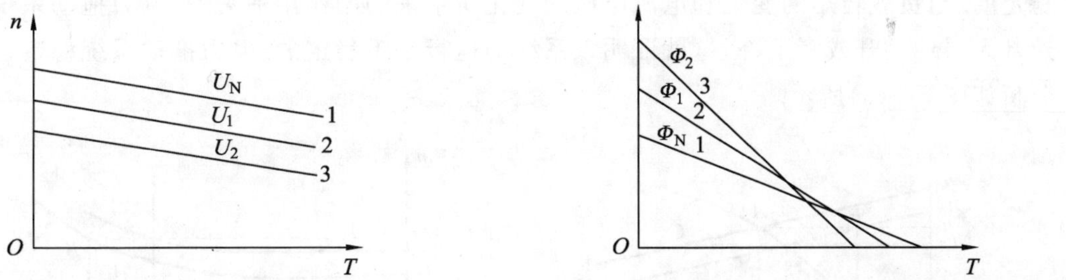

1—$U=U_N$ 时　2 及 3—$U=U_1$ 及 U_2 时($U_N>U_1>U_2$)
(a) 他励直流电动机电压不同时的人为机械特性

1—$\Phi=\Phi_N$ 时　2 及 3—$\Phi=\Phi_1$ 及 Φ_2 时($\Phi_N>\Phi_1>\Phi_2$)
(b) 减弱磁通时的人为机械特性

图 3-8　改变电压和减弱磁通时的人为机械特性

三、机械特性的绘制

1. 固有机械特性的绘制

因为两点确定一条直线,故只要设法求得特性(图 3-5)上的两点即可绘制机械特性.一般选择理想空载点($T=0,n_0$)和额定运行点(T_N,n_N)较为方便,n_N 是已知的,只要求 n_0 和 T_N.

(1) 求 n_0.

$$n_0=\frac{U}{C_e\Phi}$$

$$C_e\Phi_N=\frac{E_N}{n_N}=\frac{U_N-I_NR_a}{n_N}$$

式中 R_a 可用下式估算:

$$R_a=\left(\frac{1}{2}-\frac{2}{3}\right)\frac{U_NI_N-P_N}{I_N^2}$$

(2) 求 T_N.

$$T_N=C_T\Phi_NI_N=9.55C_e\Phi_NI_N$$

2. 人为机械特性的绘制

只需将相应的参数值代入人为机械特性方程式,即可计算并绘制出各种人为机械特性.

四、电力拖动稳定运行的条件

在电力拖动系统中,假设其原来是在同一个运动速度中进行工业生产的,当受到负载转矩的变化和电源电压的变化时,系统的转速会变大或变小,改变了原先的转速,打破了原来的平衡状态,在这种状态下,电力拖动系统将产生新的转速,并且能持续一段时间,之后由新的转速带来新的平衡状态,从而使工业生产进行新的运行,这就说明该系统是非常稳定的.或者是负载转矩的变化和电源电压的变化所带来的副作用消失了,新的转速又变成了原有的转速,而电力拖动系统又恢复了正常的运行,也可以说明该系统的运行是非常稳定的.当负载转矩的变化和电源电压的变化所带来的副作用消失了,电力拖动系统的转速却无限地上升或者下降,这就证明该系统的运行是不稳定的.电力拖动系统稳定运行的分析如图 3-9(a)所示.

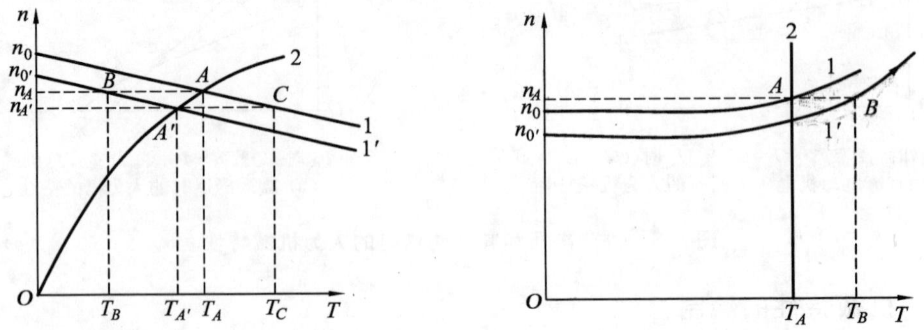

(a) 电力拖动系统稳定运行分析

(b) 电力拖动系统的不稳定运行

图 3-9 电力拖动系统运行分析

稳定运行的判据:在交点所对应的转速之上 $T<T_Z$,而在这一转速之下 $T>T_Z$,就能保证稳定运行,或在交点满足$\frac{dT}{dn}<\frac{dT_Z}{dn}$.

§3-3 他励直流电动机的启动

一、他励直流电动机的启动方法

启动时,应先通励磁电流,而后加电枢电压,并且一般不能加额定电压直接启动.因为启动开始时,$n=0$,$E_a=0$,启动电流

$$I_{st}=\frac{U-E_a}{R_a}=\frac{U}{R_a}$$

可能达到额定电流的十倍多,换向严重恶化,冲击转矩也易损坏传动机构.

为此,启动时,应设法限制电枢电流不超过额定电流的 1.5～2 倍.方法有两种:一是降压启动;二是电枢回路中串电阻启动.

图 3-10 是他励直流电动机电枢回路串三段电阻进行三级启动的电路图和相应的特性图.图中 T_1为启动过程中最大的转矩,T_2是切换转矩,T_Z为启动时的负载转矩.启动过程中,每一级的 $T_1(I_1)$与 $T_2(I_2)$大小一致,使电动机有较均匀的加速度.

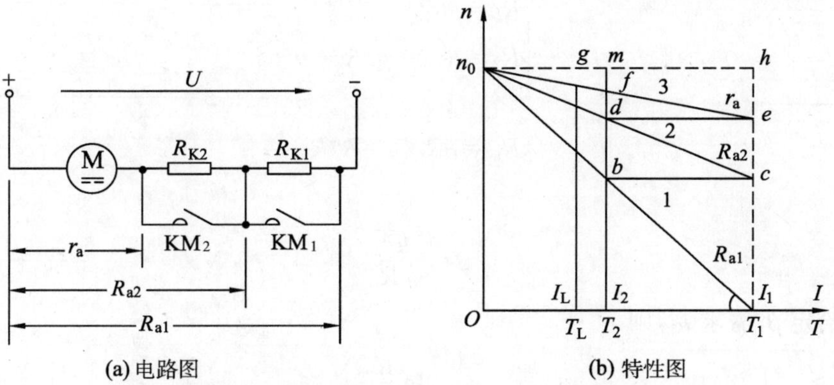

图 3-10 他励直流电动机三级启动的电路图和特性图

二、他励直流电动机启动电阻的计算

以图 3-10 为例，取 $I_2=(1.1\sim1.2)I_N$ 或 $I_2\geqslant(1.2\sim1.5)I_Z$，$I_1=(1.5\sim2.0)I_N$，一般要经过多次调整，才能绘出图 3-10(b)所示的特性图，由此图可以推导出计算分级电阻数值的公式.

因为 $n_b=n_c$，故有 $E_b=E_c$.

在 b 点

$$I_2=\frac{U-E_b}{R_2}$$

在 c 点

$$I_1=\frac{U-E_c}{R_1}$$

两式相除，由 $E_b=E_c$，得

$$\frac{I_1}{I_2}=\frac{R_2}{R_1}$$

同样，在 d 点和 e 点，可得

$$\frac{I_1}{I_2}=\frac{R_1}{R_a}$$

故有两级启动时

$$\frac{I_1}{I_2}=\frac{R_2}{R_1}=\frac{R_1}{R_a}$$

推广到 m 级，有

$$\frac{I_1}{I_2}=\frac{R_m}{R_{m-1}}=\frac{R_{m-1}}{R_{m-2}}=\cdots=\frac{R_1}{R_a}$$

设 $\frac{I_1}{I_2}=\beta\left(\frac{T_1}{T_2}=\beta\right)$，称为启动电流比(起动转矩比)，则得各级电枢电路总电阻的计算公式：

$$\begin{cases} R_1=\beta R_a \\ R_2=\beta R_1=\beta^2 R_a \\ \vdots \\ R_m=\beta R_{m-1}=\beta^m R_a \end{cases}$$

可见

$$\beta=\sqrt[m]{\frac{R_m}{R_a}}$$

如果给定 β，需求 m，则

$$m=\frac{\lg\frac{R_m}{R_a}}{\lg\beta}$$

如需求分段电阻值，由前面公式可得

$$\begin{cases} R_{\Omega 1}=R_1-R_a=(\beta-1)R_a \\ R_{\Omega 2}=R_2-R_1=(\beta^2-\beta)R_a=\beta R_{\Omega 1} \\ \vdots \\ R_{\Omega m}=R_m-R_{m-1}=\beta R_{\Omega m-1}=\beta^{(m-1)}R_{\Omega 1} \end{cases}$$

计算分级启动电阻，有两种情况：

(1) 启动级数 m 未定：初选 $\beta \rightarrow R_m=\beta^m R_a \rightarrow$ 求 m，取成整数 $m \rightarrow$ 计算 β 值 $\rightarrow$ 计算各级电阻或分段电阻.

(2) 启动级数 m 已定，选定 $I_1 \rightarrow R_m=\dfrac{U}{I_1} \rightarrow$ 计算 β 值 $\rightarrow$ 计算各级电阻或分段电阻.

§3-4 他励直流电动机的调速

大量生产机械(如各种机床、轧钢机、造纸机、纺织机械等)的工作机构要求在不同的情况下以不同的速度工作，这要求我们用人为的方法改变其速度，可用机械方法、电气方法或机械电气配合的方法.

电气调速是指在负载转矩不变的条件下，通过人为的方法改变电动机的有关参数，从而调节电动机和整个拖动系统的转速.

他励直流电动机的机械特性方程式为

$$n=\frac{U}{C_e\Phi}-\frac{R_a+R_\Omega}{C_eC_T\Phi^2}T$$

可以看出，调速方法有三种：电枢回路串电阻 R_Ω 调速、降压调速和弱磁调速.

一、调速指标

1. 调速的技术指标

(1) 调速范围 D.

在额定负载转矩下,电动机可能调到的最高转速 n_{max} 与最低转速 n_{min} 之比为调速范围,即

$$D=\frac{n_{max}}{n_{min}}$$

式中,n_{max} 受电动机换向及机械强度的限制,n_{min} 受生产机械对转速相对稳定性要求的限制. 不同的生产机械要求的调速范围是不同的,如车床 D 为 20~120,龙门刨床 D 为 10~40,造纸机 D 为 3~20,轧钢机 D 为 3~120 等.

(2) 静差率 δ.

电动机由理想空载到额定负载运行的转速降 Δn_N 与理想空载转速 n_0 之比称为静差率. 用百分数表示为

$$\delta\%=\frac{\Delta n_N}{n_0}\times 100\%=\frac{n_0-n_N}{n_0}\times 100\%$$

静差率一般为 5%~10%.

静差率 δ 的大小反映静态转速相对稳定的程度,δ 越小,转速降 Δn_N 越小,转速相对稳定性越好. 不同的生产机械要求不同的静差率,如普通车床:$\delta\leqslant 30\%$,龙门刨:$\delta\leqslant 10\%$,造纸机:$\delta\leqslant 0.1\%$.

静差率与机械特性硬度有关. 机械特性越硬,静差率越小,相对稳定性越好. 但机械特性的硬度相同时,静差率 δ 并不相等,而是 n_0 较低的其 δ 较大. 所以静差率 δ 与特性的硬度有关,但又不是同一个概念.

生产机械对静差率的要求限制了电动机允许达到的最低转速 n_{min},从而限制了调速范围. 下面以调压调速的情况为例推导 D 与 δ 的关系,根据不同电压下的两条特性,可得

$$D=\frac{n_{max}}{n_{min}}=\frac{n_{max}}{n_0'-\Delta n_N}=\frac{n_{max}}{n_0'\left(1-\frac{\Delta n_N}{n_0'}\right)}=\frac{n_{max}}{\frac{\Delta n_N}{\delta}(1-\delta)}=\frac{n_{max}\delta}{\Delta n_N(1-\delta)}$$

由此可见,生产机械允许的最低转速时的静差率 δ 越大,电动机允许的调速范围 D 越大. 所以调速范围 D 只有在对 δ 有一定要求的前提下才有意义.

(3) 平滑性.

在一定的调速范围内,调速的级数越多,调速越平滑,平滑程度用平滑系数 φ 来衡量. φ 的定义是相邻两级转速或线速度之比,即

$$\varphi=\frac{n_i}{n_{i-1}}=\frac{v_i}{v_{i-1}}$$

显然,φ 越接近 1,调速平滑性越好. 若 $\varphi-1=\varepsilon$ 可以小于任意给定数值,则 n 可调至任意数值,此时平滑性最好,称为无级调速.

(4) 调速时的容许输出.

调速时的容许输出是指保持额定电流条件下调速时，电动机容许输出的最大转矩或最大功率与转速的关系. 容许输出的最大转矩与转速无关的调速方法称为恒转矩调速方法；允许输出的最大功率不变的称为恒功率调速方法.

2. 调速的经济指标

经济指标包含三个方面：一是调速设备初投资的大小；二是运行过程中能量损耗的多少；三是维护费用的高低. 三者总和较小者经济指标较好.

二、低电枢端电压调速

1. 电枢回路串电阻调速

保持 $U=U_N$、$\Phi=\Phi_N$，电枢回路串入适当大小的电阻 R_Ω，从而调节转速. 其原理可从图 3-11 所示的机械特性上看出.

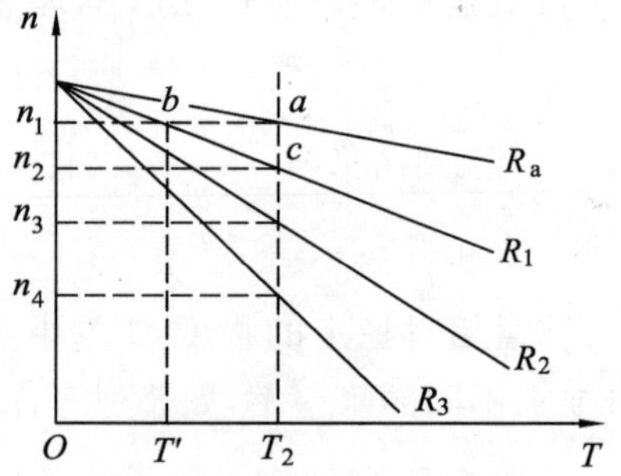

图 3-11　电枢回路中串联电阻调速的机械特性

串电阻调速的物理过程：R 增加，E_a 不能突变. I_a 减小，T 减小，n 减小；E_a 变小，I_a 变大，T 增大，当 $T=T_Z$ 时稳定，速度已由 n_1 降至 n_2. 要注意的是，调速前后 T_Z 不变，所以 T 不变，I_a 也不变.

特点：只能将转速往下调，且静差率明显增大，所以调速范围 D 较小，平滑性差，损耗大，设备简单，投资少，属恒转矩调速.

适用于容量不大、低速运行时间不长、对调速性能要求不高的场合.

2. 降低电源电压调速

保持 $\Phi=\Phi_N$、$R_\Omega=0$、降低电源电压 U，从而调节转速. 其原理可从图 3-12 的机械特性上看出.

降压调速的物理过程：U 变小，I_a 变小，T 变小，n 变小，E_a 变小，I_a 回升，T 回升至 T_Z 时恢复稳定运行，但 n 已降低.

特点：特性平行下移，δ 变化不明显，调速范围 D 较大，平滑性好，损耗小，需可调直流电源，初投资大.

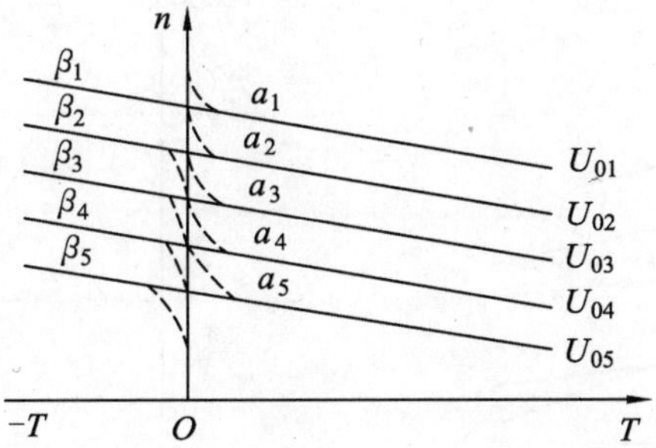

图 3-12　降低电源电压调速时的机械特性

适用于对调速性能要求较高的中大容量拖动系统，如重型机床(龙门刨)、精密机床和轧钢机等.

3. *弱磁调速*

保持 $U=U_N$、$R_\Omega=0$，调节励磁电流使之减小，亦即减弱磁通，从而调节转速. 其原理可从图 3-13 的机械特性上看出.

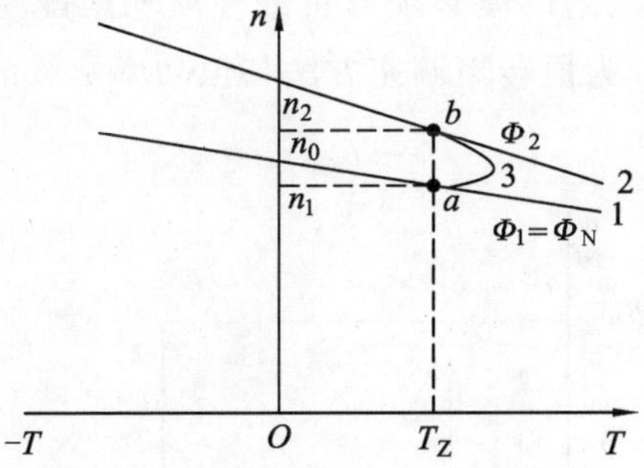

图 3-13　减弱磁通的人为机械特性

弱磁调速的物理过程：I_f 减小，Φ 减小，n 暂且来不及改变，$E_a=C_e\Phi n$ 变小，I_a 上升的程度超过 Φ 下降的程度. T变大，n 变大，使 E_a由一开始的下降经过某一最小值后逐渐回升. I_a相应地由一开始的上升经过最大值后逐渐下降，T 随之下降至 T_Z，恢复稳定运行. 转速由 n_1上升为 n_2.

特点：只能将转速向上调，受换向和机械强度限制，调速范围不大，但静差率小，平滑性好，设备简单，损耗小，属恒功率调速. 常与调压调速联合使用，以扩大调速范围.

三、调速时的功率与转矩

他励直流电动机采用各种调速方法时的机械特性如图 3-14(a)所示. 各种调速方法允许输出的转矩与功率的情况如图 3-14(b)所示.

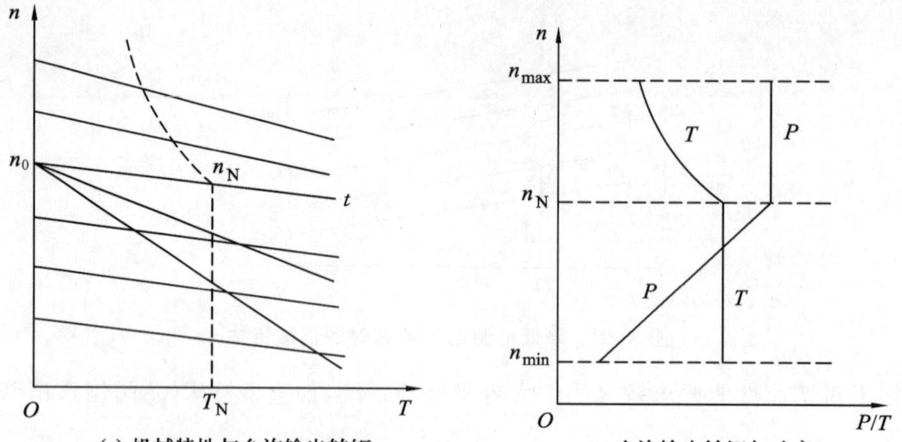

(a) 机械特性与允许输出转矩　　(b) 允许输出转矩与功率

图 3-14　他励直流电动机调速时的允许输出转矩与功率

必须注意的是:恒转矩性质的调速方法应用于恒转矩负载;恒功率的负载应采用恒功率的调速方法.亦即调速方法的性质必须与负载性质相匹配.如果不匹配,就会造成投资或运行费用的浪费.图 3-15 为恒转矩调速方法与恒功率负载的配合,转速越高,转矩越得不到充分利用.

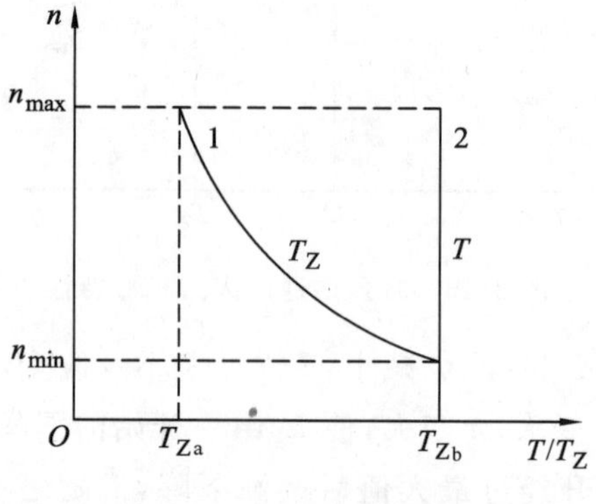

1—恒功率负载 $n=f(T_Z)$特性　2—恒转矩调速 $n=f(T)$特性

图 3-15　恒转矩调速与恒功率负载的配合

§3-5　直流电动机的制动

电动机制动运行的主要特征是电磁转矩 T 的方向与转速 n 的方向相反.

电动机制动运行的作用是使电力拖动系统快速减速或停车和匀速下放重物.根据实现制动的方法和制动时电动机内部能量转换关系的不同,制动运行分能耗制动、反接制动和回馈制动三种.

一、能耗制动

1. 实现能耗制动的方法

能耗制动时将电枢从电源上断开，通过制动电阻 R_Z 闭合. 电枢由于惯性继续朝原来的方向旋转，切割磁场，产生感应电动势 E_a，方向与电动状态时相同，不同的是电枢电流 I 变为由 E_a 产生，与原来方向相反，电磁转矩 $T=C_e\Phi I_a$ 随之反向，T 与 n 反向，进入制动状态，制动过程中，电动机靠系统的动能发电，消耗在电枢回路的电阻上，故称为能耗制动.

2. 能耗制动时的机械特性

此时 $U=0$、$R=R_a+R_Z$，机械特性的方程式为

$$n=\frac{R_a+R_z}{C_eC_T\Phi^2}T$$

可见其机械特性为过零点且位于第二、第四象限的直线，如图 3-16 所示，其斜率决定于所串制动电阻的大小.

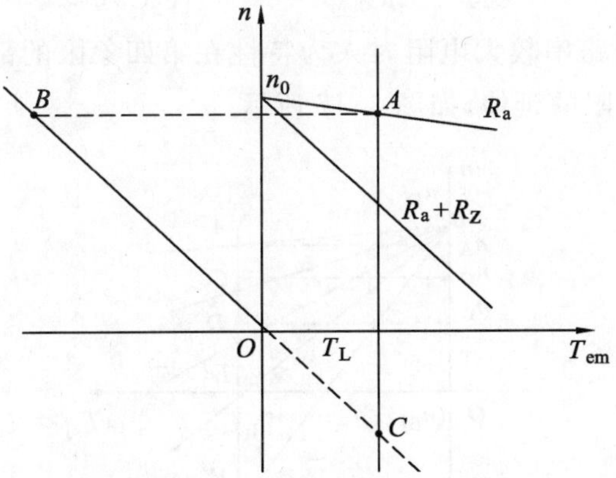

图 3-16 能耗制动时的机械特性

3. 能耗制动的分析

制动电阻 R_Z 越小，机械特性的斜率越小，制动开始瞬间的转矩（T_1）和电流（I_1）越大，一般电流的最大值不允许超过 $2I_N$，因此有 $R_a+R_Z\geqslant\frac{E_a}{2I_N}$，即

$$R_Z\geqslant\frac{E_a}{2I_N}-R_a$$

因为

$$E_a\approx U_a$$

所以

$$R_Z\geqslant\frac{U_a}{2I_N}-R_a$$

如果电动机带的是位能性负载，则当 $T=0$、$n=0$ 时，由于 T_Z 仍大于零，将倒拉电动机反向运转，转速沿能耗制动机械特性第四象限部分升高至 $T=T_Z$、转速为 $-n_Z$ 为止，匀速

(n_Z)下放重物.如果要求下放时转速 $n=-n_Z$,代入机械特性方程式,可得应串电阻的大小为

$$R_Z=\frac{C_e C_t \Phi^2 n_Z}{T}-R_a$$

式中 n_Z 用下放转速的绝对值代入即可.

二、反接制动

1. 转速反向的反接制动

(1) 实现方法.

他励电动机拖动位能性负载,电枢回路串入较大电阻,使 $n=0$ 时的电磁转矩(启动转矩)小于负载转矩 T_Z.

(2) 机械特性.

$$n=\frac{U}{C_e\Phi}-\frac{R_a+R_\Omega}{C_e C_T \Phi^2}T=n_0-\frac{R_a+R_\Omega}{C_e C_T \Phi^2}T$$

机械特性为电枢回路串较大电阻时人为特性在第四象限的部分,也就是正向电动运行时机械特性在第四象限的延伸,如图 3-17 所示.

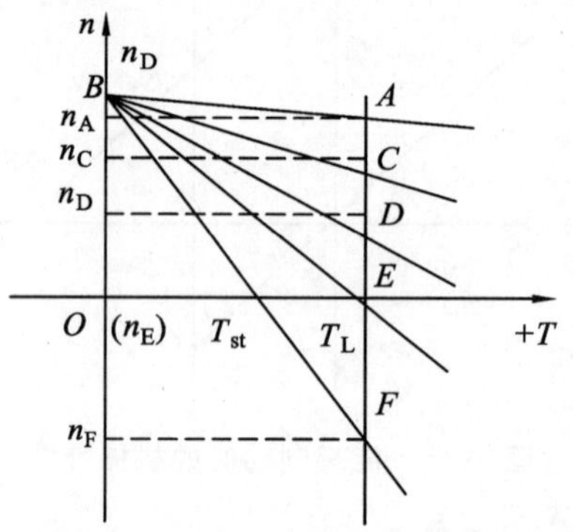

图 3-17 反接转速反向的制动时的机械特性

(3) 分析.

反接制动时有

$$I_a(R_a+R_\Omega)=U-(-E_a)=U+E_a$$

两边同乘以 I_a,得

$$I_a^2(R_a+R_\Omega)=UI_a+E_a I_a$$

式中,UI_a 为电网输入电动率,$E_a I_a$ 为由负载的位能自轴上输入转换而来的电磁功率,均消耗在电枢回路的电阻上,能量损耗大.

(4) 适用场合.

因为其设备简单,操作方便,电枢回路串联电阻较大,机械特性较软,转速稳定性差,能量损耗大,所以适用于低速匀速下放重物等场合.

2. 电枢反接的反接制动

(1) 实现方法.

如图 3-18 所示,在电动运行中,KM_1 断开,KM_2 闭合,使电枢电源反接的同时串入一个制动电阻 R_F,这时由于 U 反向,电流 $I_a=\frac{-U-E_a}{R_a+R_F}=-\frac{U+E_a}{R_a+R_F}$ 反向,T 反向,进入制动状态.

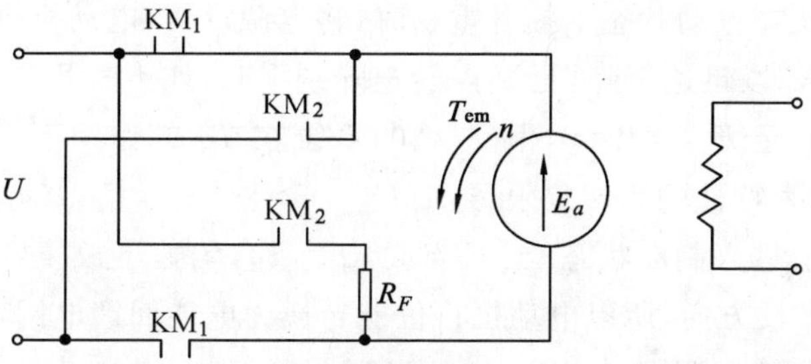

图 3-18

(2) 机械特性.

$$n=\frac{-U}{C_e\Phi}-\frac{R_a+R_F}{C_eC_T\Phi^2}T=-n_0-\frac{R_a+R_F}{C_eC_T\Phi^2}T$$

机械特性在第二象限,如图 3-19 中的 BC 段所示. 设电动机制动之前工作在电动状态,在固有特性上的 A 点运行,电枢反接,转矩瞬时变为 $-T_B$,沿 BC 迅速减速.

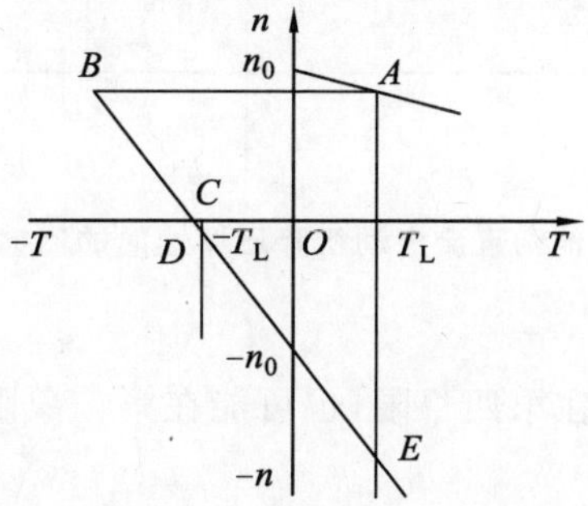

图 3-19 电枢反接的反接制动的机械特性

(3) 分析.

电源反接制动时,如不串入附加电阻,则制动开始时的电枢电流 $I_a=-\frac{U+E_a}{R_a}$,其值将达到额定电流的 20～40 倍,即直接启动电流的两倍左右,这是绝对不允许的,所以必须串入制动电阻,一般限制最大电流为 $2I_N$,则制动电阻应为

$$R_\Omega \geqslant \frac{U+E_a}{2I_N}-R_a \approx \frac{U_N}{I_N}-R_a$$

可见,R_Ω 比能耗制动时的 R_Z 约大一倍. 特性斜率比能耗制动大得多.

(4) 适用场合.

因为其设备简单,操作方便,制动转矩平均值较大,制动强烈,能量损耗大,所以适用于要求快速停车的拖动系统(对于要求快速并立即反转的系统更为理想).

三、回馈制动(再生制动)

(1) 实现方法.

他励直流电动机在电动状态下提升重物时,将电源反接,电动机进入电枢反接制动状态,转速 n 沿特性 BC 段迅速下降,至 C 点转速降到零时,如不断开电源,电动机必将反向启动,转速反向升高,至 F 点,$T=0$,但 $T_Z \neq 0$,系统在 T_Z 的作用下沿特性的 FE 段继续反向升速,工作点进入特性的第四象限,这时 $|-n|>|-n_0|$,$E_a>U$,电流 I_a 及 T 均变为正,而 n 为负,电动机进入制动状态. 至 E 点时,$T=T_Z$,匀速下放重物. 由于 $E_a>U$,电流 I_a 与 E_a 同方向,与 U 反方向,所以电动机将位能转换为电能回馈电网,故称回馈制动.

他励直流电动机降压调速时,使 n_0 突然降到 n 以下,也会自动进入回馈制动状态,加快减速过程. 如图 3-20 所示.

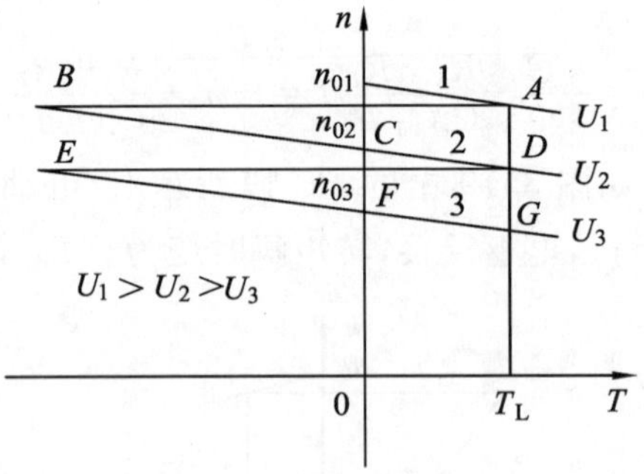

图 3-20 他励直流电动机降压调速时的回馈制动状态

(2) 机械特性.

由上所述,机械特性可能在第四象限,也可能在第二象限.

(3) 分析.

回馈制动过程中,有功率 UI_a 回馈电网,能量损耗最少.

(4) 适用场合.

适用于高速匀速下放重物和降压、增加磁通调速过程中自动加快减速过程等场合.

第四章 变压器

§4-1　变压器的工作原理、分类及结构

变压器的主要功能是把一种电压的电能转换为同频率的另一种电压的电能，故称变压器．实际上，它在变压的同时还能改变电流，也可改变阻抗和相位．

一、变压器的工作原理

变压器的主要部件是一个铁芯和套在铁芯上的两个绕组，如图4-1所示．一个绕组接电源，称为原绕组（一次绕组，初级），另一个接负载，称为副绕组（二次绕组，次级）．原绕组各量用下标1表示，副绕组各量用下标2表示．原绕组匝数为 N_1，副绕组匝数为 N_2．

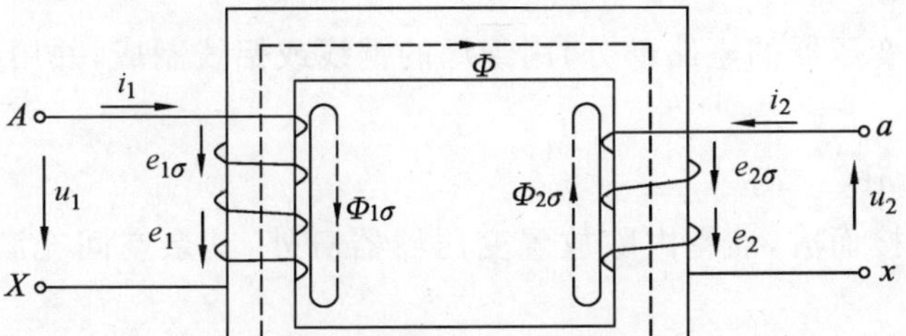

图4-1　变压器的主要部件

理想状况如下（不计电阻、铁耗和漏磁），原绕组加电压 u_1，产生电流 i_1，建立磁通 Φ，沿铁芯闭合，分别在原、副绕组中产生感应电动势 e_1 和 e_2．

$$u_1=-e_1=N_1\frac{\mathrm{d}\Phi}{\mathrm{d}t}$$

$$u_2=-e_2=N_2\frac{\mathrm{d}\Phi}{\mathrm{d}t}$$

$$\frac{U_1}{U_2}=\frac{E_1}{E_2}=\frac{N_1}{N_2}=k$$

$$U_2=\frac{U_1}{k}$$

说明只要改变原、副绕组的匝数比，就能按要求改变电压.

又因为

$$U_1 I_1 = U_2 I_2$$

所以

$$I_1 = \frac{U_2}{U_1} I_2 = \frac{I_2}{k}$$

说明变压器在改变电压的同时，亦能改变电流.

二、变压器的分类

按用途分电力变压器和特种变压器.

按相数分单相、三相、多相变压器.

按每相绕组数目分双绕组、三绕组、自耦变压器.

三、变压器的结构

(一) 变压器的主要组成部分

1. 铁芯

变压器铁芯的作用是构成磁路.为了减小涡流和磁滞损耗，铁芯用具有绝缘层的硅钢片叠成.在一些专用小型变压器中，也有采用铁氧体或坡莫合金代替硅钢片的.变压器铁芯基本形式有心式和壳式两大类.

2. 绕组

变压器绕组是变压器的电路部分，用绝缘的铜线或铝线制成，并用绝缘材料构成绕组的绝缘层.

3. 油箱及其附件

油箱由钢板焊接而成，油箱内除放置变压器器身外，其余空间充满变压器油，它有冷却绝缘作用.

(二) 变压器铭牌及额定值

(1) 型号.

变压器的型号通常由表示相数、冷却方式、调压方式、绕组线芯等材料的符号，以及变压器容量、额定电压、绕组连接方式组成.例如，SCB10-1000kV·A/10kV/0.4kV.其中，S表示此变压器为三相变压器，如果S换成D则表示此变压器为单相.C表示此变压器的绕组为树脂浇注成形固体.B表示箔式绕组，如果是R则表示缠绕式绕组，如果是L则表示铝绕组，如果是Z则表示有载调压(铜不标).10表示设计序号，也叫技术序号.1000kV·A则表示此台变压器的额定容量(1000千伏安).10kV表示一次额定电压，0.4kV表示二次额定电压.

(2) 额定容量：S_N(kV·A).

(3) 额定电压：$\frac{U_{1N}}{U_{2N}}$ (V,kV).

(4) 额定电流：$\dfrac{I_{1N}}{I_{2N}}$ (A).

(5) 额定频率：f_N(Hz).

额定值之间的关系：

单相变压器为

$$I_{1N}=\frac{S_N}{U_{1N}} \quad I_{2N}=\frac{S_N}{U_{2N}}$$

三相变压器为

$$I_{1N}=\frac{S_N}{\sqrt{3}U_{1N}} \quad I_{2N}=\frac{S_N}{\sqrt{3}U_{2N}}$$

§4-2　单相变压器的空载运行

空载运行：原绕组加额定电压，副绕组开路的运行情况称为空载运行. 图 4-2 是变压器空载运行示意图.

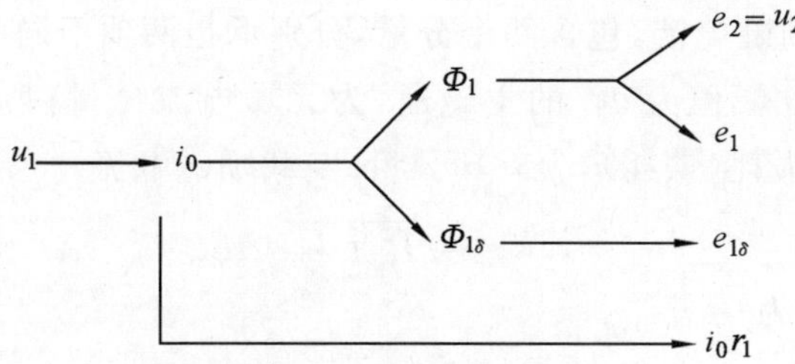

图 4-2　变压器空载运行

一、空载运行时的物理情况

1. 感应电动势和变比

根据基尔霍夫电压定律，原绕组电动势平衡方程式为

$$u_1=i_0r_1+(-e_{1\sigma})+(-e_1)$$

由于 $\Phi_{1\sigma}\ll\Phi$，故 $e_{1\sigma}\ll e_1$，同时 i_0r_1 也很小，故可认为 $u_1\approx -e_1$. 如果 u_1 随时间按正弦规律变化，则 e_1 亦按正弦规律变化. 根据 $e_1=-N_1\dfrac{\mathrm{d}\Phi}{\mathrm{d}t}$可知，主磁通 Φ 也按正弦规律变化. 设

$$\Phi=\Phi_m\sin\omega t$$

则

$$e_1=-N_1\frac{\mathrm{d}\Phi}{\mathrm{d}t}=-\omega N_1\Phi_m\cos\omega t=\omega N_1\Phi_m\sin(\omega t-90°)=E_{1m}\sin(\omega t-90°)$$

同理

$$e_2=-N_2\frac{\mathrm{d}\Phi}{\mathrm{d}t}=E_{2m}\sin(\omega t-90°)$$

由此可知 E_1 及 E_2 在相位上均滞后于 Φ90°电角度，它们的有效值分别是

$$E_1=\frac{E_{1m}}{\sqrt{2}}=\frac{\omega N_1\Phi_m}{\sqrt{2}}=4.44fN_1\Phi_m$$

$$E_2=\frac{E_{2m}}{\sqrt{2}}=\frac{\omega N_2\Phi_m}{\sqrt{2}}=4.44fN_2\Phi_m$$

写成相量表达式为

$$\dot{E}_1=-j4.44fN_1\dot{\Phi}_m$$
$$\dot{E}_2=-j4.44fN_2\dot{\Phi}_m$$

由于

$$\dot{U}_1\approx-\dot{E}_1,\ \dot{U}_{20}=\dot{U}_{2N}\approx\dot{E}_2$$

故有

$$\frac{U_1}{U_{20}}=\frac{E_1}{E_2}=\frac{N_1}{N_2}=k$$

式中，k 称为变压器的变比，通常 $k>1$.

2. 空载电流

空载电流 i_0，又称励磁电流，包含两个分量，分别承担两项不同的任务. 一个分量叫磁化电流 I_u，其任务是建立幅值为 Φ_m 的主磁通，为无功电流分量；另一个分量叫铁耗分量 I_{Fe}，其任务为补偿空载损耗（铁耗），为有功分量. 空载励磁电流

$$i_m=\sqrt{I_u^2+I_{Fe}^2}$$

铁耗电流与铁耗的关系为

$$I_{Fe}=\frac{p_{Fe}}{E_1}\approx\frac{p_{Fe}}{U_1}$$

通常 $I_u\gg I_{Fe}$，所以 $\dot{U}_1$ 与 $\dot{I}_m$ 之间的相位差 Φ_0 接近 90°.

3. 漏电动势与漏电抗

漏磁通 $\Phi_{1\sigma}$ 主要沿非铁磁性物质闭合，磁路不会饱和，所以由漏磁通感应的漏电动势

$$E_{1\sigma}\propto\Phi_{1\sigma}\propto I_m$$

相量关系式

$$\dot{E}_{1\sigma}=-jX_1\dot{I}_m$$

式中，X_1 为一次绕组的漏电抗，表征漏磁通对电路的电磁效应，为一个常数.

二、空载运行时的电动势平衡方程式、相量图及等效电路

考虑漏电动势和电阻压降 i_0r_1 时，变压器空载运行时的电动势平衡方程式

$$\begin{aligned}\dot{U}_1&=\dot{I}_m r_1+(-\dot{E}_{1\sigma})+(-\dot{E}_1)=\dot{I}_m r_1+j\dot{I}_m X_1+(-\dot{E}_1)\\&=\dot{I}_m(r_1+jX_1)+(-\dot{E}_1)=\dot{I}_m Z_1+(-\dot{E}_1)\end{aligned}$$

$$\dot{U}_{20}=\dot{E}_2$$

式中，$Z_1=r_1+jX_1$ 为原绕组的漏阻抗.

相应的空载运行的相量图如图 4-3 所示.

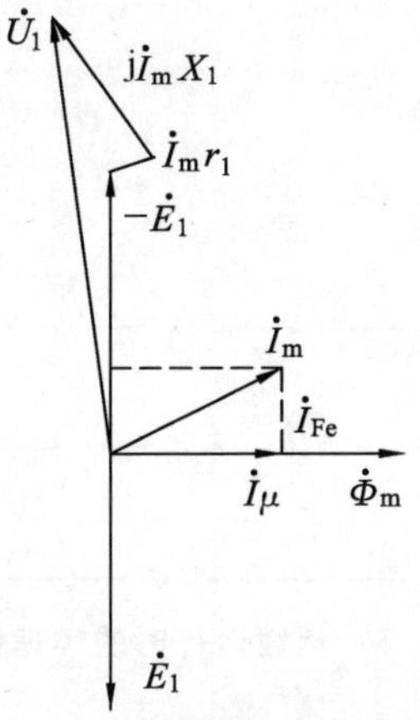

图 4-3　变压器的空载相量图

前面我们用了电抗压降 $jX_1\dot{I}_m$ 表示漏磁压降（$-\dot{E}_{1\sigma}$），从而引出漏电抗 X_1. 如果主磁路也能如此处理，把电动势也看成一个电抗压降，从而引出励磁电抗的概念，将对变压器的分析和计算带来许多方便. 但考虑其主磁路与漏磁路不同，主磁通会在铁芯中引起铁耗. 故还应引入一个电阻，亦即应引入一个阻抗 Z_m，即

$$-\dot{E}=\dot{I}_m Z_m=\dot{I}_m(r_m+jX_m)$$

Z_m、X_m、r_m 的计算如下：

$$Z_m=\frac{E_1}{I_m},\ r_m=\frac{p_{Fe}}{I_m^2},\ X_m=\sqrt{Z_m^2-r_m^2}$$

根据

$$\dot{U}_1=-\dot{E}_1+\dot{I}_m Z_1=\dot{I}_m Z_m+\dot{I}_m Z_1=\dot{I}_m(Z_1+Z_m)$$

可以画出相应的等效电路，如图 4-4 所示.

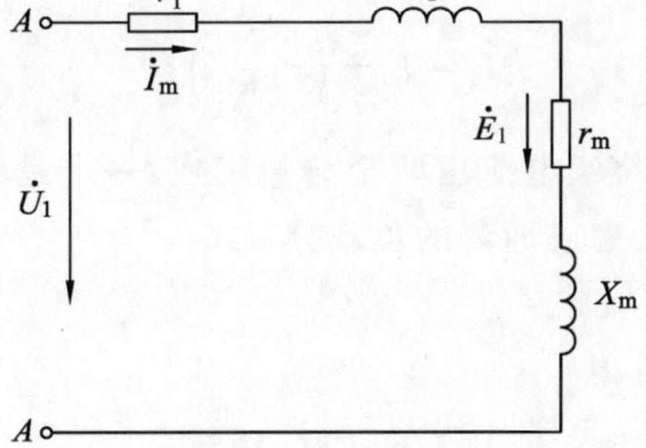

图 4-4　等效电路

§4-3 变压器的基本方程式

一、负载运行时的物理情况

负载运行时的物理情况可用图 4-5 表示.

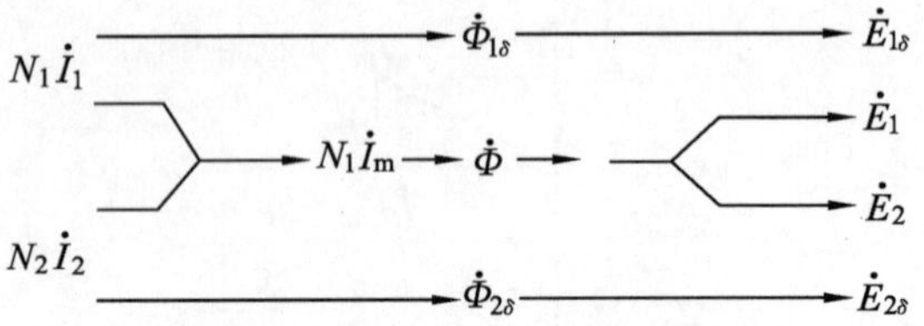

图 4-5 负载运行时的物理情况

二、负载运行时的基本方程式

单相变压器负载运行示意图如图 4-6 所示,由图分析负载运行时的基本方程式.

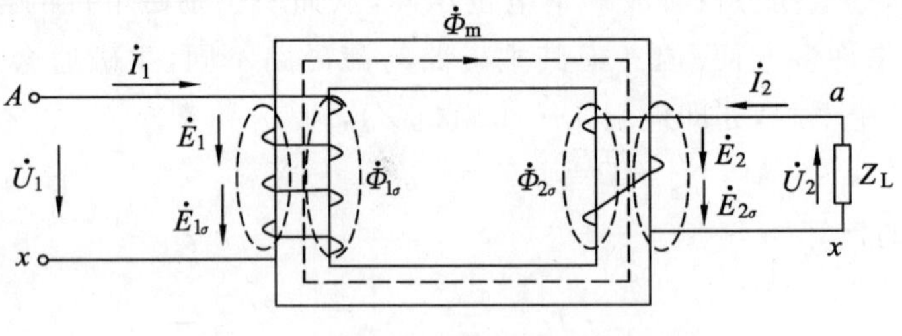

图 4-6 单相变压器负载运行示意图

1. 磁通势平衡方程式

$$\dot{I}_1N_1+\dot{I}_2N_2=\dot{I}_mN_1$$

因为 U_1 不变,Φ_m 近似不变. 故有

$$\dot{I}_1=\dot{I}_m+\left(-\frac{N_2}{N_1}\right)\dot{I}_2$$

上式表明,负载时原边绕组电流由两个分量组成:一个是维持主磁通的励磁分量,另一个是用以补偿二次绕组去磁磁通势的负载分量.

2. 电动势平衡方程式

由基尔霍夫电压定律可得

$$\dot{U}_1=-\dot{E}_1+\dot{I}_1r_1+\mathrm{j}\dot{I}_1X_1=-\dot{E}_1+\dot{I}_1Z_1$$

$$\dot{U}_2=-\dot{E}_2-\dot{I}_2r_2-\mathrm{j}\dot{I}_2X_2=\dot{E}_2-\dot{I}_2Z_2$$

综合前面的分析,可得变压器的基本方程式为

$$\dot{I}_1N_1+\dot{I}_2N_2=\dot{I}_mN_1$$

$$\dot{U}_1=-\dot{E}_1+\dot{I}_1Z_1$$
$$\dot{U}_2=\dot{E}_2-\dot{I}_2Z_2$$
$$-\dot{E}_1=\dot{I}_mZ_m$$
$$\frac{\dot{E}_1}{\dot{E}_2}=\frac{N_1}{N_2}=k$$

§4-4 变压器的等效电路及相量图

一、绕组归算

归算的目的：导出等效电路.

归算的方法：用一个匝数与一次绕组相等、电磁效应与二次绕组相同的绕组去代替二次绕组.

归算的算法如下：

1. 电动势和电压的归算

因为

$$N_2'=N_1$$

所以

$$\frac{E_2'}{E_2}=\frac{N_2'}{N_2}=\frac{N_1}{N_2}=k$$

故

$$E_2'=kE_2$$

同理

$$U_2'=kU_2$$

可见,电动势和电压的归算是乘以变比.

2. 电流的归算

因为

$$N_2'I_2'=N_2I_2$$

故

$$I_2'=\frac{N_2}{N_2'}I_2=\frac{N_2}{N_1}I_2=\frac{I_2}{k}$$

可见,电流的归算是除以变比.

3. 阻抗的归算

因为

$$I_2'^2r_2'=I_2^2r_2$$

所以

$$r_2' = \frac{I_2^2}{I_2'^2} r_2 = k^2 r_2$$

因为

$$I_2'^2 X_2' = I_2^2 X_2$$

所以

$$X_2' = \frac{I_2^2}{I_2'^2} X_2 = k^2 X_2$$

可见,阻抗的归算是乘以变比的平方.

变压器归算的基本方程式为

$$\dot{I}_1 + \dot{I}_2' = \dot{I}_m$$
$$\dot{U}_1 = -\dot{E}_2' + \dot{I}_1 Z_1$$
$$\dot{U}_2' = \dot{E}_2' - \dot{I}_2' Z_2'$$
$$\dot{E}_1 = \dot{E}_2'$$
$$\dot{E}_1 = -\dot{I}_m Z_m$$

二、等效电路

根据归算后的基本方程式,不难导出负载运行时的等效电路,如图 4-7 所示,称为 T 形等效电路. 可见,变压器负载时的等效阻抗为

$$Z_d = Z_1 + \frac{1}{\dfrac{1}{Z_m} + \dfrac{1}{Z_2' + Z_F'}}$$

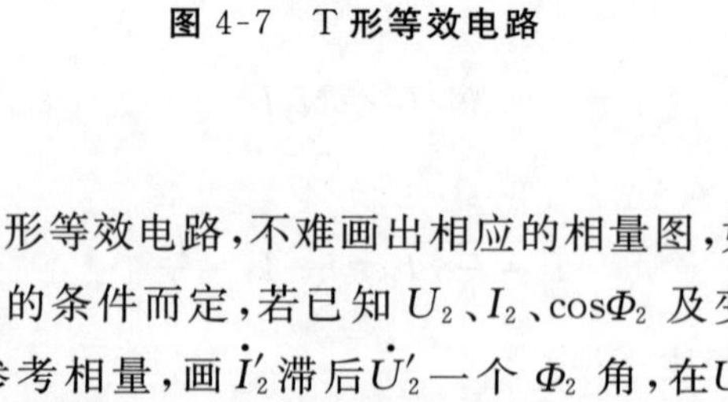

图 4-7　T 形等效电路

三、相量图

根据基本方程式和 T 形等效电路,不难画出相应的相量图,如图 4-8 所示.

相量图的画法视给定的条件而定,若已知 U_2、I_2、$\cos\Phi_2$ 及变压器的各个参数,则画图的步骤为:以 $\dot{U}_2'$ 作为参考相量,画 $\dot{I}_2'$ 滞后 $\dot{U}_2'$ 一个 Φ_2 角,在 $\dot{U}_2'$ 上加 $\dot{I}_2' r_2'$ 和 j $\dot{I}_2' X_2'$ 得 $\dot{E}_2' = \dot{E}_1$,主磁通 $\dot{\Phi}_m$ 比 $\dot{E}_1$ 超前 90°,由此可以画出 $\dot{\Phi}_m$ 和 $-\dot{E}_1$,$\dot{I}_m$ 落后于 $-\dot{E}_1$ 一个角度 $\Phi_m = \tan^{-1}\dfrac{X_m}{r_m}$,再根据 $\dot{I}_1 = \dot{I}_m + (-\dot{I}_2')$ 作出电流 $\dot{I}_1$,再在 $-\dot{E}_1$ 上加上 $\dot{I}_1 r_1$ 和 j $\dot{I}_1 X_1$,从而得原边电压 $\dot{U}_1$.

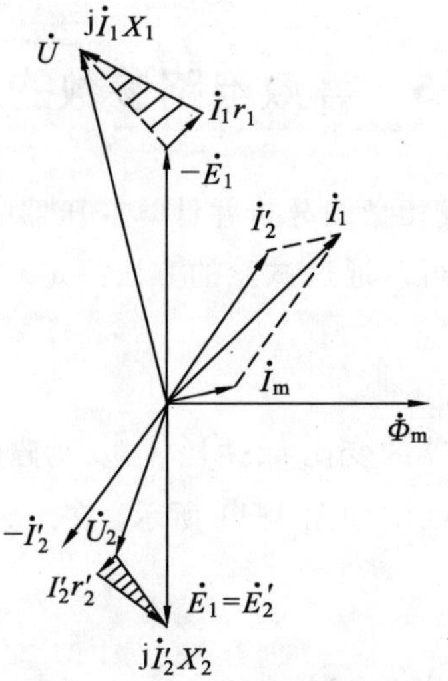

图 4-8　相量图

四、近似等效电路

考虑到一般变压器中，$I_m \ll I_{1N}$、$Z_1 \ll Z_m$，为简化计算，可将励磁支路前移，即把 $\dot{I}_m$ 近似看成常数，不受负载影响，并忽略 $\dot{I}_m$ 在 r_1、X_1 上的压降，从而得到 Γ 形等效电路，如图 4-9所示.

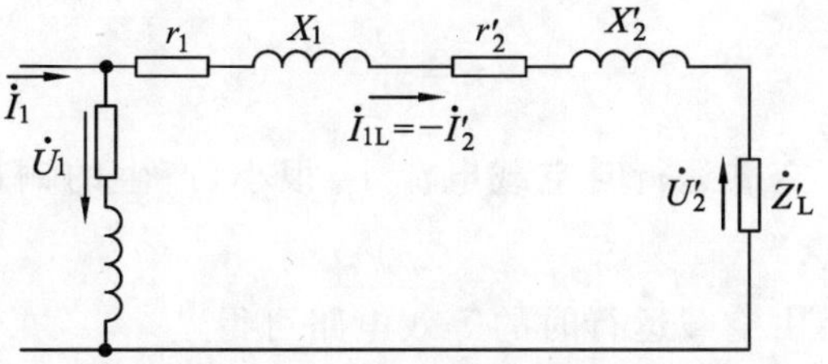

图 4-9　Γ 形等效电路

在分析变压器的许多负载问题时，如副边电压变化、并联运行的负载分配等，由于 $I_m \ll I_{iN}$，在实际中，可以忽略 I_m，即去掉励磁支路，从而得到更为简单的电路. 图 4-10 称为变压器的近似等效电路.

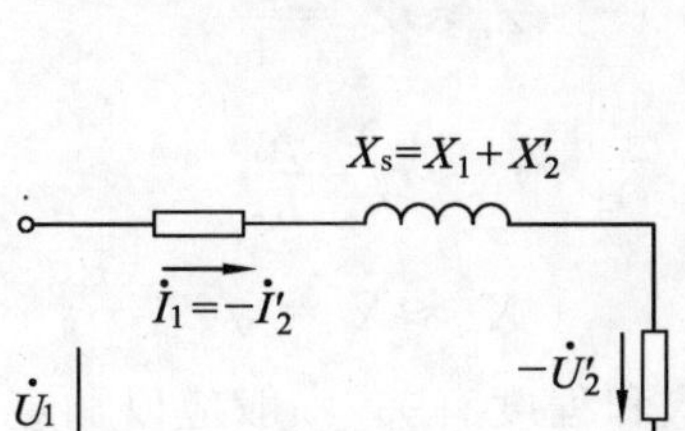

图 4-10　变压器的近似等效电路

§4-5 等效电路参数的测定

用基本方程式、等效电路或相量图分析并计算变压器的运行性能时，必须知道变压器的参数．对用户来说，这些参数可以通过试验的方法测定．

一、空载试验

用空载试验可以求出变压器的变比 k、铁耗 p_{Fe} 及励磁阻抗 Z_m．

单相变压器空载试验的接线图如图 4-11 所示．在工频正弦交流的额定电压 U_{1N} 下测取 U_1、I_{10}、p_0、U_{20}．

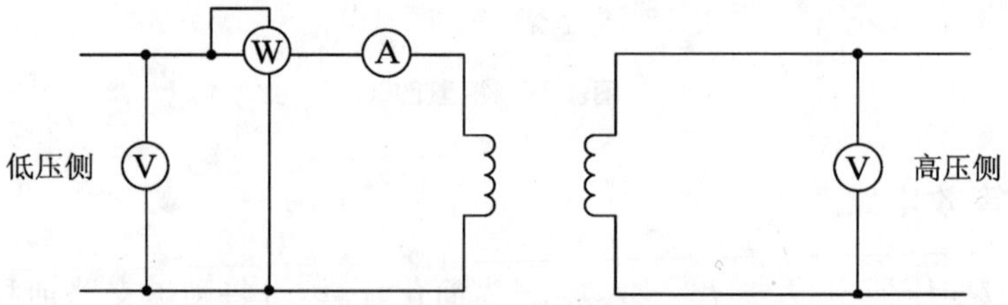

图 4-11 单相变压器空载试验的接线图

变压器的变比(电压比)为

$$k=\frac{U_1}{U_{20}}$$

变压器的铁耗：由于空载运行时空载电流 I_{10} 很小，产生的铜耗 $I_{10}^2 r_1$ 可以忽略不计．为此近似地认为 $p_{Fe}=p_0$．

变压器的励磁阻抗：由空载运行时的等效电路可得

$$Z_0=\frac{U_1}{I_0}=|Z_1+Z_m|=\sqrt{(r_1+r_m)^2+(X_1+X_m)^2}$$

由于 $Z_m \gg Z_1$，$r_m \gg r_1$，$X_m \gg X_1$，故可认为

$$Z_m \approx Z_0=\frac{U_1}{I_0}$$

$$r_m \approx r_0=\frac{p_0}{I_{10}^2}$$

$$X_m \approx X_0=\sqrt{Z_0^2-r_0^2}$$

由于 Z_m 的数值与磁路的饱和程度有关，一般应以额定电压下测得的数据计算励磁参数．空载试验一般在低压侧测取，测得的数据应归算到高压侧．

二、短路试验

短路试验可以测出变压器的铜耗 p_{Cu} 和短路阻抗 Z_s．

单相变压器短路试验的接线如图 4-12 所示，在高压侧做试验.

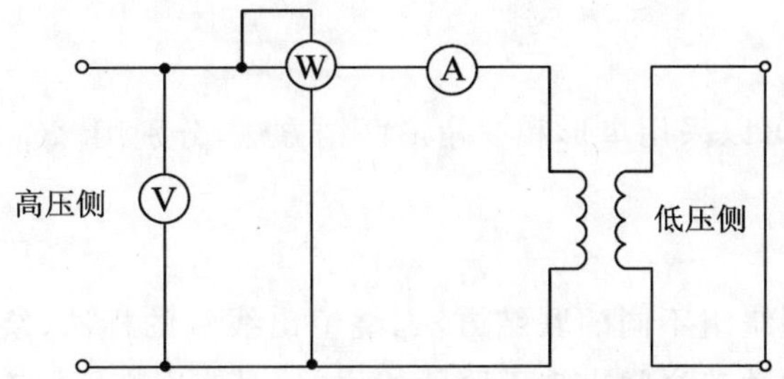

图 4-12　单相变压器短路试验的接线图

在高压侧加低电压，约为额定电压的 5%～10%，使低压侧电流等于额定电流，测取 U_s、I_s 和 P_s.

变压器的铜耗：由于施加电压很低，铁耗很小，可忽略，所以

$$p_{Cu} \approx P_s = I_s^2 r_s$$

变压器的短路参数为

$$Z_s \approx \frac{U_s}{I_s}$$

$$r_s \approx \frac{P_s}{I_s^2}$$

$$X_s \approx \sqrt{Z_s^2 - r_s^2}$$

绕组的电阻随温度变化，而短路试验一般在室温下进行. 按国家标准规定，油浸式变压器电阻应折算到 75℃时的数值.

$$r_{s75} = r_{s\theta} \frac{234.5 + 75}{234.5 + \theta}$$

$$Z_{s75} = \sqrt{r_{s75}^2 + X_s^2}$$

短路试验时，当绕组中电流达到额定时，加在一次绕组的短路电压应为 $U_s = I_{1N} Z_{s75}$，此电压称为阻抗电压或短路电压. 通常用相对值表示：

$$u_s = \frac{U_s}{U_{1N}} \times 100\% = \frac{I_{1N} Z_{s75}}{U_{1N}} \times 100\% = Z_s^* \quad \text{（阻抗电压相对值）}$$

阻抗电压相对值是变压器很重要的参数之一. 一般中小型电力变压器的 U_s 为 4%～10.5%，大型电力变压器的 U_s 为 12.5%～17.5%.

§ 4-6　三相变压器

三相变压器有两种类型：三相变压器组和三相心式变压器.

三相变压器对称运行时，可以只分析其中的一相，类似于单相变压器，但电路系统和磁路系统也有其特殊性.

一、三相变压器的电路系统——联结组

(一) 联结方法

高低压绕组分别可以采用星形和三角形联结方法，分别用$Y(y)$和$D(d)$表示. Y接有中线的用$Y_N(y_0)$表示.

(二) 联结组

三相变压器原、副绕组不同的联结方法、绕组出线端的标法、绕组的绕法均会使三相变压器原、副绕组线电动势之间出现不同的相位差，对使用变压器有重要影响. 为此，必须确定每台变压器的联结组. 联结组含有两个内容：原、副绕组的联结方法和反映相位差的联结组标号.

1. 单相变压器的联结组

通常同一相的原、副绕组套在同一个铁芯柱上，设绕组的绕法相同. 出线端的标号如图 4-13(a)所示，电动势的正方向总是由首端指向末端. 由于A点的电位高于X时，a点的电位高于x(楞次定律)，即A和a同处于高电位或同处于低电位，称为同极端，用“$*$”标记.

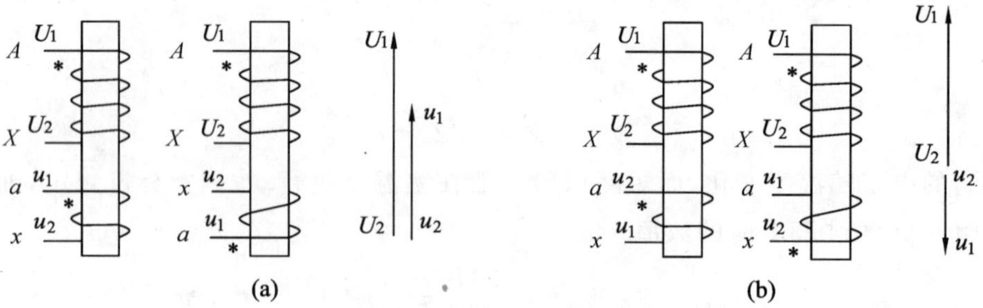

图 4-13　单相变压器联结组

画相量图，$\dot{E}_A(\dot{E}_{AX})$和$\dot{E}_a(\dot{E}_{ax})$同相，用“时钟表示法”相当于 12 点，标号为“0”或“12”，其联结组为I/I-12(图 4-13(b))，$\dot{E}_A$和$\dot{E}_a$反相，差$6\times30°=180°$，相当于 6 点，其联结组为I/I-6. 规则：同极性端同为首端，电动势同相；反之反相.

2. 三相变压器的联结组

(1) Y,y_0或Y,y_{n0}联结组(图 4-14).

画绕组联结图，标出首、末端和同名端.

画原边电动势相量图.

画副边电动势相量图，让a与A重合.

以$\dot{E}_{AB}$为分针，指向 12，以$\dot{E}_{ab}$为时针，与$\dot{E}_{AB}$重合，故标号为“12”，联结组为Y,y_0.

副绕组中性点引出中线时，联结组为Y,y_{n_0}.

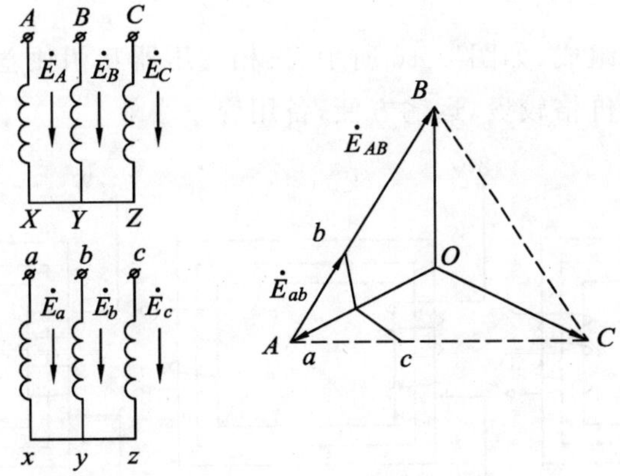

(a) 联结图　　(b) 向量图

图 4-14　Y,y_0 联结组

(2) Y,d_{11} 或 Y_N,d_{11} 联结组(图 4-15).

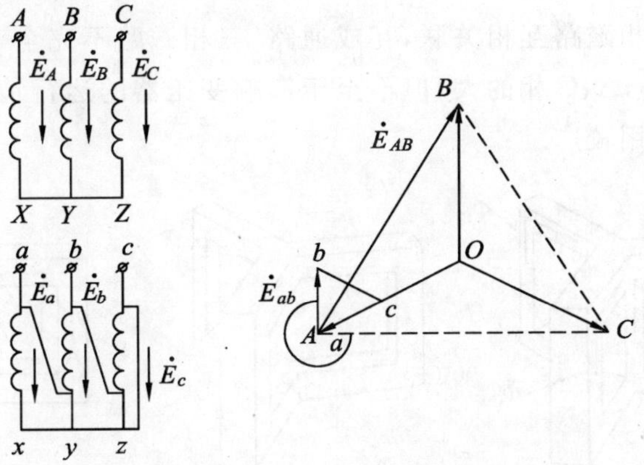

(a) 联结图　　(b) 向量图

图 4-15　Y,d_{11} 联结组

画绕组联结图,标上首、末端和同名端.

画原绕组电动势相量图.

画副绕组电动势相量图,让 a 与 A 重合.

以 $\dot{E}_{AB}$ 为分针,指向 12,以 $\dot{E}_{ab}$ 为时针,指向"11",故标号为"11",联结组为 Y,d_{11}. 原绕组中性点引出中线时,联结组为 Y_N,d_{11}.

如果将副绕组的首、末端对调,则联结组为 Y,d_5.

二、三相变压器的磁路系统——铁芯的结构形式

三相变压器的磁路系统分两种,三相变压器随之分为两种.

1. 三相变压器

由三台单相变压器组成，如图 4-16 所示.三相变压器互相独立互不相关，三相空载电流对称.特点是费材料，价格较贵，运输方便，备用容量小.

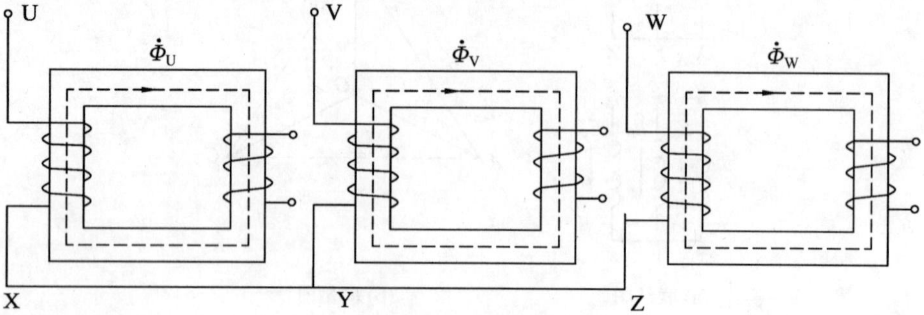

图 4-16　三相变压器

2. 三相心式变压器

三相公用同一铁芯，如图 4-17(c)所示，可以看成是由三个单相心式铁芯经图 4-17(a)、(b)演变而来.三相磁路互相关联，互成通路.三相磁路不完全对称，三相空载电流也不完全对称，B 相的小，A、C 相的大，但不至于影响变压器的运行情况.特点是材料省，价格便宜，维护简单，应用较广.

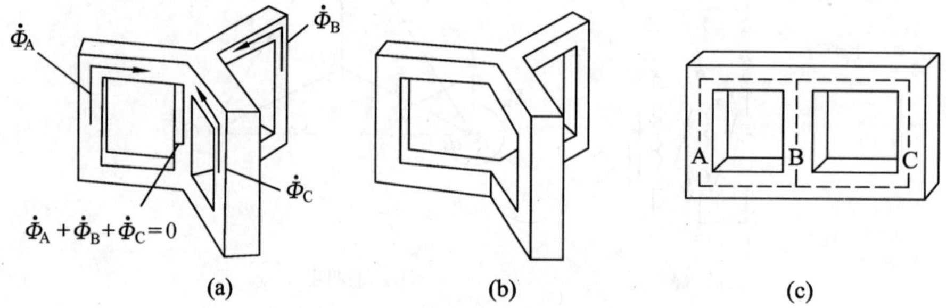

图 4-17　三相心式变压器

三、三相变压器电路系统和磁路系统对电动势波形的影响

考虑到磁路饱和的影响时，磁路中的磁通与励磁电流的关系为非线性的磁化曲线.为此，若磁通随时间按正弦规律变化，则励磁电流 i_a 的波形为尖顶波，如图 4-18 所示，除基波外还包含各奇数次谐波，当磁化电流 i_u 按正弦变化时，可得主磁通的波形为平顶波，除基波外也含有奇次高次谐波，其中主要为三次谐波.谐波对电动势、电流的大小影响不大，但对原、副绕组电动势的波形有明显影响，必须加以注意.

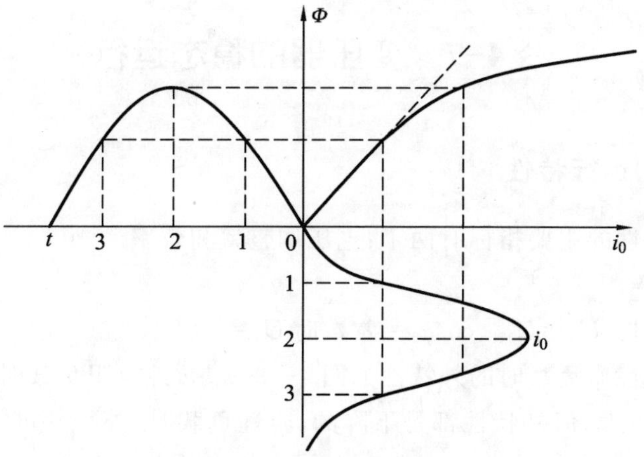

图 4-18 励磁电流的波形

(一) Y,y_0,Y,y_{n0} 联结的三相变压器中电动势的波形

由于原绕组 Y 形联结，三次谐波电流流不通，i_u 为正弦波，Φ 为平顶波，包含三次谐波 Φ_3.

1. 三相变压器组

Φ_3 能顺利流过，在原、副绕组中感应电动势 e_{13} 和 e_{23}，与基波磁通感应电动势 e_{11} 和 e_{21} 相加，可知相电动势的波形为尖顶波. 由于电动势中三次谐波对基波的比值磁通中比值的 3 倍，三次谐波电动势的含量可达基波电动势的 45%～60%以上，易使绕组绝缘层击穿. 为此，三相变压器不能采用 Y,y_0 或 Y,y_{n0} 联结组.

2. 三相心式变压器

由于 Φ_3 不能在心式铁芯中闭合，只能通过油、油箱壁和铁扼等形成闭路，磁阻大，使 Φ_3 大为削弱，电动势中的三次谐波不明显，电动势波形接近正弦曲线. 只是有三次谐波磁通通过油箱壁，会产生附加损耗，降低效率，并引起局部过热，故一般只适用于 1800kV · A 以下.

(二) D,y_{11},Y,d_{11} 联结的三相变压器中电动势的波形

D,y_{11} 联结组，原绕组可以流过三次谐波电流，励磁电流为尖顶波. 磁通接近正弦波，相电动势接近正弦波. 所以三相变压器组和三相心式变压器与电动势均没有问题.

Y,d_{11} 联结组，励磁电流接近正弦，磁通中本应包含三次谐波 Φ_3，由于副绕组为三角形联结，副绕组回路的三次谐波电动势 $\dot{E}_{23}$ 在副绕组中产生三次谐波环流 $\dot{I}_{23}$. $\dot{I}_{23}$ 产生的磁通 Φ_{23} 在相位上与 Φ_3 近于反相，从而削弱 Φ_3，使铁芯中合成磁通的三次谐波 $\Phi_{3\Sigma}$ 很小，原、副绕组中感应电动势接近正弦波.

由上可知，三相变压器只要有一侧做三角形联结，电动势的波形就不会有问题.

§4-7 变压器的稳态运行

一、变压器的运行特性

变压器运行特性的主要指标有两个:电压调整率和效率.

1. 电压调整率

变压器的外特性:$U_1=U_{1N}$、$\cos\varphi_2=$常数时 $U_2=f(I_2)$.

变压器带不同性质负载时的外特性如图 4-19 所示. 纯电阻负载时,端电压变化较小;感性负载时,变化较大,但外特性都是下降的;容性负载时,外特性可能上翘,上翘程度随容性的增大而增大.

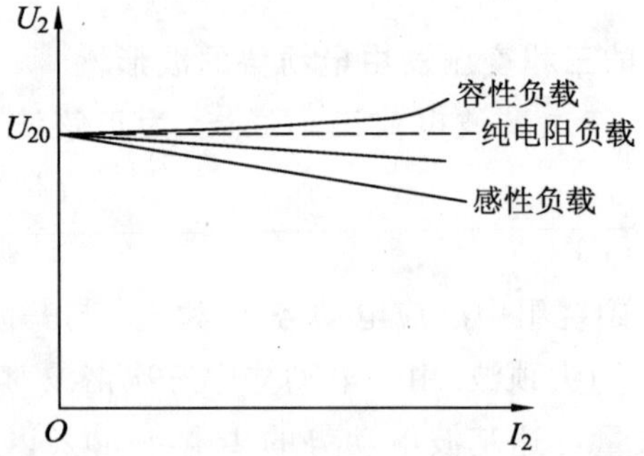

图 4-19 电压器带不同性质负载时的外特性

电压调整率:当 $U_1=U_{1N}$、$\cos\varphi_2=$常数时,从空载到负载时输出电压之差与副边额定电压 U_{2N}之比为电压调整率,用百分数表示为

$$\Delta U=\frac{U_{20}-U_2}{U_{2N}}\times100\%=\frac{U_{2N}-U_2}{U_{2N}}\times100\%=\frac{U_{1N}-U'_2}{U_{1N}}\times100\%$$

电压调整率计算公式:由近似等效电路可得

$$\dot{U}_1=-\dot{U}'_2+\dot{I}_1(r_s+jX_s)$$

根据此式可以作出相应的相量图,如图 4-20 所示. 再作两根辅助线,图中

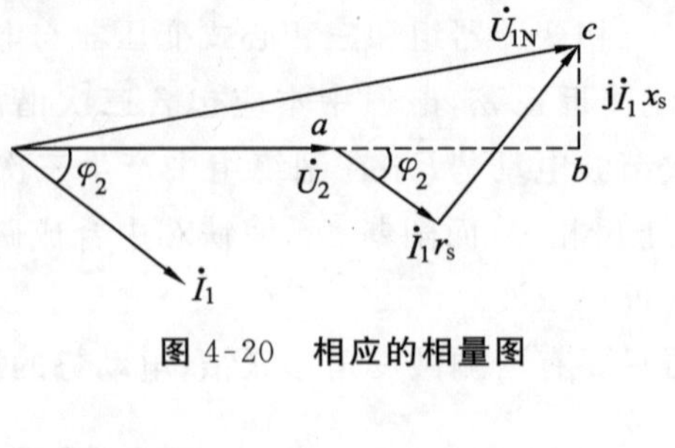

图 4-20 相应的相量图

$$\overline{ab}=I_1 r_s\cos\varphi_2+I_1 X_s\sin\varphi_2$$

实际上，$\overline{bc}$很小，可近似为

$$U_{1N}\approx U_2'+\overline{ab}$$

由此可得

$$\Delta U=\frac{U_{1N}-U_2'}{U_{1N}}\times 100\%\approx\frac{\overline{ab}}{U_{1N}}\times 100\%=\frac{I_1 X_s\cos\varphi_2+I_1 X_s\sin\varphi_2}{U_{1N}}\times 100\%$$

$$=\beta\left(\frac{I_{1N}r_s\cos\varphi_2+I_{1N}X_s\sin\varphi_2}{U_{1N}}\right)\times 100\%$$

式中，$\beta=\frac{I_1}{I_{1N}}$称为负载系数.

由公式也可看出：电阻性负载时，$\cos\varphi_2=1$，$\sin\varphi_2=0$，$\Delta U>0$ 且较小；感性负载时，$\cos\varphi_2>0$，$\sin\varphi_2>0$，$\Delta U>0$ 且较大；电容性负载时，$\cos\varphi_2>0$，$\sin\varphi_2<0$，且 $X_s\gg r_s$，故一般有 $\Delta U<0$（$\Delta U>0$，$\Delta U=0$，$\Delta U<0$ 都可能）.

2. 效率

变压器的损耗包含铁耗和铜耗. 铁耗包括基本铁耗（涡流损耗和磁滞损耗）和附加铁耗；铜耗包括基本铜耗（直流电阻损耗）和附加铜耗. 铁耗可视为不变损耗，铜耗为可变损耗.

变压器的效率为

$$\eta=\frac{P_2}{P_1}\times 100\%=\frac{P_1-\sum p}{P_1}\times 100\%$$

$$=\left(1-\frac{\sum p}{P_1}\right)\times 100\%$$

$$=\left(1-\frac{p_{Fe}+p_{Cu}}{P_2+p_{Fe}+p_{Cu}}\right)\times 100\%$$

式中可近似地认为

$$p_{Fe}=p_0,\ p_{Cu}=\beta^2 p_{LN},\ P_2=\beta S_N\cos\varphi_2$$

由此可得

$$\eta=\left(1-\frac{p_0+\beta^2 p_{LN}}{\beta S_N\cos\varphi_2+p_0+\beta^2 p_{LN}}\right)\times 100\%$$

变压器的效率特性 $\eta=f(\beta)$ 如图 4-21 所示. η 最高时的 $\beta=\beta_m=\sqrt{\frac{p_0}{p_{LN}}}$. 最高效率为

$$\eta_{max}=\left(1-\frac{2p_0}{\beta_m S_N\cos\varphi_2+2p_0}\right)\times 100\%$$

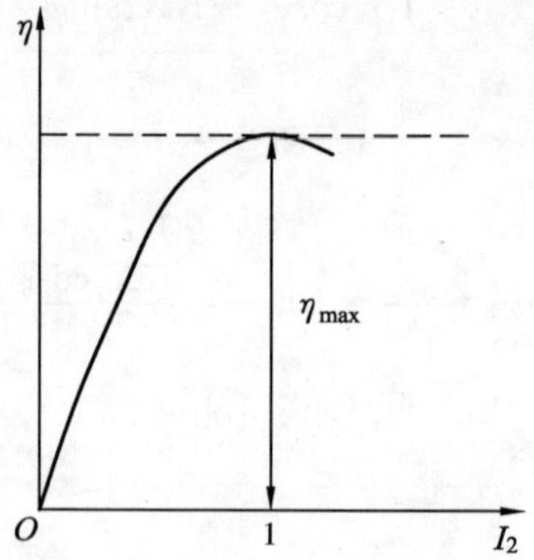

图 4-21　变压器的效率特性

二、变压器的并联运行

并联运行的优点如下：

(1) 供电可靠性高.

(2) 可提高系统的运行效率.

(3) 可减少备用容量.

(4) 可分期分批投资.

并联运行的理想情况如下：

(1) 负载时,各变压器之间无环流.

(2) 负载时,各变压器能合理分担负载,即负载与容量成正比分配.

变压器并联运行的理想条件如下：

(1) 原、副绕组的额定电压相等,变比相等.

(2) 变压器的联结组相同.

(3) 变压器阻抗电压的相对值相等.

前两个条件有一个不满足时会产生环流,第三个条件不满足时负载分配不合理.

下面分别加以简要说明：

(1) 电压比不等,则产生的环流为

$$\dot{I}_c=\frac{\frac{\dot{U}_1}{k_{\mathrm{I}}}-\frac{\dot{U}_1}{k_{\mathrm{II}}}}{Z''_{\mathrm{SI}}+Z''_{\mathrm{SII}}}$$

式中,Z''_{SI}、Z''_{SII}为变压器Ⅰ、Ⅱ归算到二次侧的短路阻抗.由于短路阻抗很小,所以k_{I}、k_{II}稍有不等,就可能产生较大的环流.环流必然增加空载时的损耗,负载时影响每台变压器的均衡性.国家标准规定,空载环流不超过额定电流的0.5%,为此要求变压器的电压比的误差$\Delta k=\frac{k_{\mathrm{I}}-k_{\mathrm{II}}}{\sqrt{k_{\mathrm{I}}k_{\mathrm{II}}}}\leqslant\pm0.5\%$.

(2) 联结组不同,将产生很大的环流,导致变压器损坏.

如果一台 Y,y_0 与一台 Y,d_{11} 联结组的变压器并联运行，它们副边电压相位相差 30°，相量图如图 4-22 所示. 回路中两电压之差 $\Delta U=0.52U_{20}$，回路中环流 $I_c=\dfrac{0.52U_{20}}{|Z''_{S\mathrm{I}}+Z''_{S\mathrm{II}}|}$.

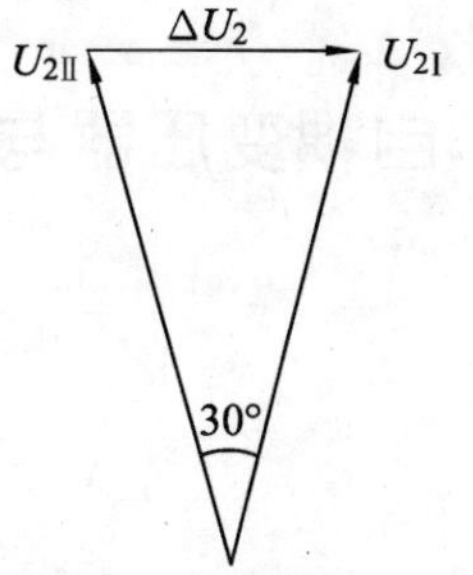

图 4-22　相量图

一般变压器的短路阻抗为 0.04～0.07，设 $Z''_{S\mathrm{I}}$ 和 $Z''_{S\mathrm{II}}$ 的相对值均为 0.05，则环流的相对值将为

$$I_c^*=\frac{0.52}{0.05+0.05}=5.2$$

这说明环流将为额定电流的 5.2 倍. 为此，联结组别相同的条件必须严格满足.

(3) 阻抗电压的相对值不等，负载就不能合理分配.

两台变压器并联时的近似等效电路如图 4-23 所示，由图可知

$$I_{\mathrm{I}}Z_{S\mathrm{I}}=I_{\mathrm{II}}Z_{S\mathrm{II}}$$

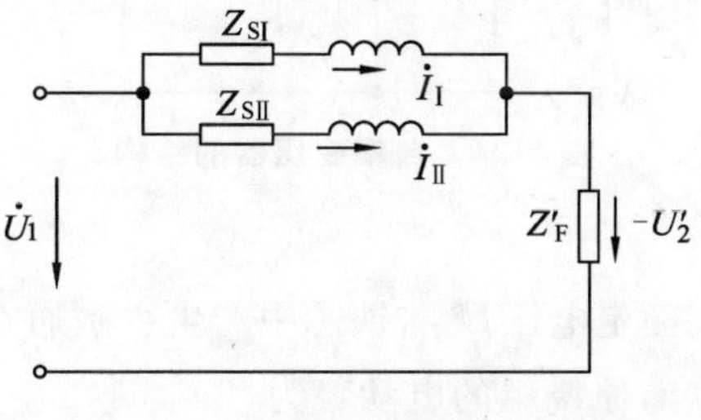

图 4-23　两台变压器并联的近似等效电路

又因为

$$U_{N\mathrm{I}}=U_{N\mathrm{II}}$$

故有

$$I_{N\mathrm{I}}\frac{U_{N\mathrm{I}}}{I_{N\mathrm{I}}}=I_{N\mathrm{II}}\frac{U_{N\mathrm{II}}}{I_{N\mathrm{II}}}$$

即
$$I_{N\mathrm{I}}Z_{N\mathrm{I}}=I_{N\mathrm{II}}Z_{N\mathrm{II}}$$

将上面两个式子相比，可得

$$\frac{I_{\mathrm{I}}}{I_{N\mathrm{I}}}\frac{Z_{S\mathrm{I}}}{Z_{N\mathrm{I}}}=\frac{I_{\mathrm{II}}}{I_{N\mathrm{II}}}\frac{Z_{S\mathrm{II}}}{Z_{N\mathrm{II}}},\ I_{\mathrm{I}}^*Z_{S\mathrm{I}}^*=I_{\mathrm{II}}^*Z_{S\mathrm{II}}^*$$

即

$$\frac{I_{\mathrm{I}}^*}{I_{\mathrm{II}}^*}=\frac{\beta_{\mathrm{I}}}{\beta_{\mathrm{II}}}=\frac{Z_{\mathrm{SII}}^*}{Z_{\mathrm{SI}}^*}$$

可见并联变压器的负载系数与短路阻抗的相对值(短路阻抗电压的相对值)成反比.

§4-8 自耦变压器与互感器

一、自耦变压器

1. 结构特点

每只自耦变压器只有一个绕组,原绕组的一部分兼作副绕组,如图 4-24 所示.图中标出了每个物理量的正方向.其主要特点是原边和副边不但有磁的联系,还有电的联系.绕组的 Aa 部分称为串联部分,ax 部分称为公共部分.

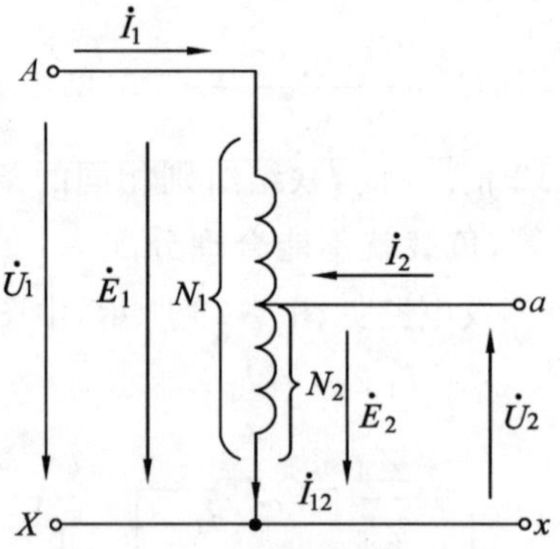

图 4-24 自耦变压器的结构

2. 工作原理

绕组 AX 加上原边输入额定电压 U_{1N},铁芯中产生主磁通 Φ_m,在绕组中产生感应电动势,每匝电动势均为 $4.44f\Phi_m$,原绕组的电动势为

$$E_1=4.44fN_1\Phi_m\approx U_1$$

副绕组的电动势为

$$E_2=4.44fN_2\Phi_m=U_{20}$$

电压比为

$$k=\frac{U_{1N}}{U_{2N}}=\frac{E_1}{E_2}=\frac{N_1}{N_2}$$

$$U_{2N}=\frac{U_{1N}}{k}$$

与双绕组变压器相同.

绕组公共部分电流为

$$\dot{I}_{12}=\dot{I}_{1N}+\dot{I}_{2N}$$

忽略励磁电流时，由磁通势平衡关系，可得

$$\dot{I}_{1N}N'_{Aa}+\dot{I}_{12}N_2=\dot{I}_{1N}(N_1-N_2)+\dot{I}_{12}N_2=0$$

将前式代入上式可得

$$\dot{I}_{1N}N_1+\dot{I}_{2N}N_2=0$$

则有

$$\dot{I}_{1N}=-\frac{\dot{I}_{2N}}{k}$$

故

$$\dot{I}_{12}=\dot{I}_{1N}+\dot{I}_{2N}=\left(1-\frac{1}{k}\right)\dot{I}_{2N}$$

可见，公共部分的电流比额定负载电流还要小.

3. 容量关系

由上可知，$\dot{I}_1$与$\dot{I}_2$反向，所以

$$I_{12}=I_{2N}-I_{1N}$$

自耦变压器通过的容量(额定容量)为

$$U_{1N}I_{1N}=U_{2N}I_{2N}=U_{2N}(I_{12}+I_{1N})=U_{2N}I_{12}+U_{2N}I_{1N}$$

由此可知，自耦变压器的额定容量由两部分组成：一部分为电磁容量 $U_{2N}I_{12}$，另一部分为传导容量 $U_{2N}I_{1N}$，直接通过电的联系由原边传到副边.

4. 优缺点及适用场合

绕组容量(电磁容量)小于额定容量，优点是用料少，体积小，重量轻，成本低，铁耗、铜耗小，效率高；缺点是内部绝缘和过电压保护均需加强.

适用于 $k<3$ 的电力变压器、实验室的调压和异步电动机降压启动等.

二、互感器

1. 电压互感器

功能：将高电压变为低电压进行测量.

结构特点：原绕组匝数很多，副绕组匝数很少，相当于特殊的降压变压器. 工作时副边接电压表，一般为 100V，相当于开路.

工作原理：原绕组并联于被测线路，副绕组接入电压表或其他测量仪表的电压线圈，则

$$U_1=\frac{N_1}{N_2}U_2=k_U U_2$$

式中，k_U 为电压互感器的电压变化.

根据 U_2 可知 U_1，如用配套的电压表，从表上可直接读出 U_1 的数值.

互感器的电压比有误差，相位亦有误差，误差的大小与励磁电流的大小和漏阻抗的大小有关，为减小误差，铁芯采用硅钢片，且使铁芯工作在不饱和状态. 根据实际误差的大小，精度分 0.5、1.0 和 3.0 三级.

使用注意事项如下：

(1) 二次侧有一端可接地.

(2) 二次侧不能短路.

(3) 负载不能超过规定值.

2. 电流互感器

功能：将大电流变为小电流进行测量.

结构特点：原绕组的匝数很少，副绕组的匝数很多. 工作时副边接电流表或其他测量仪表的电流线圈，相当于工作在短路状态的升压变压器. 一次侧电流可为 5～2500A，二次侧电流为 5A.

工作原理：原绕组为一匝（穿心）或几匝，串联于被测电路. 副绕组接电流表，测得电流 I_2，则被测电流为

$$I_1=\frac{N_2}{N_1}I_2=k_1I_2$$

式中，k_1 为电流互感器的电流变化比. 根据 I_2 可知 I_1，如用配套的电流表，可从表上直接读取 I_1 的数值.

电流互感器亦有变化比和相位误差，按电流比误差的大小，精度分 0.2、0.5、1.0、3.0、10.0 五级.

使用注意事项如下：

(1) 二次侧有一端可接地.

(2) 副边不准开路.

(3) 负载不能超过规定值.

第五章

三相异步电动机的基本原理

§5-1　三相异步电动机的工作原理及结构

一、旋转磁场的产生

旋转磁场：极性和大小不变且以一定转速旋转的磁场.

旋转磁场的产生：对称三相绕组流过对称三相电流，产生圆形旋转磁通势和旋转磁场.

三相对称绕组：三套数据相同、空间（沿定子内圆）相差 120°的绕组组成三相对称绕组. 图 5-1 为最简单的三相对称绕组.

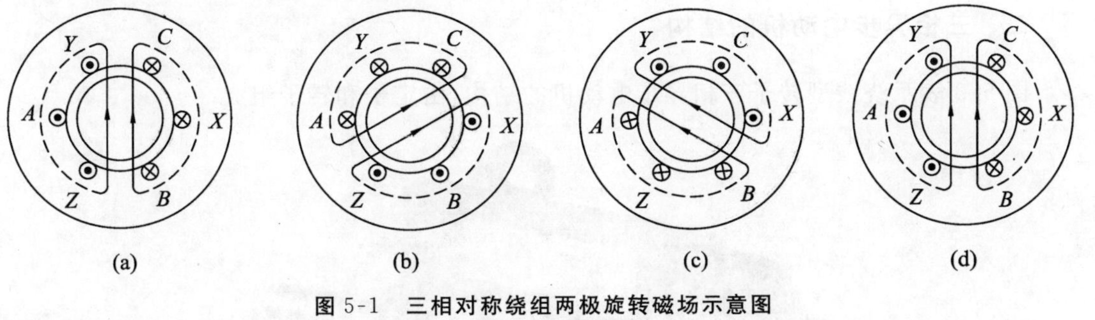

图 5-1　三相对称绕组两极旋转磁场示意图

三相对称电流的瞬时表达式为

$$i_A = I_m\cos\omega t,\ i_B = I_m\cos(\omega t - 120°),\ i_C = I_m\cos(\omega t - 240°)$$

电流变化曲线如图 5-2 所示.

对于旋转磁场，规定电流为正时，从首端出，分析几个特定瞬间：

(a) $\omega t = 0°, i_A = I_m, i_B = i_C = -\frac{1}{2}I_m$

(b) $\omega t = 120°, i_B = I_m, i_C = i_A = -\frac{1}{2}I_m$

(c) $\omega t = 240°, i_C = I_m, i_A = i_B = -\frac{1}{2}I_m$

(d) $\omega t=360°, i_A=I_m, i_B=i_C=-\frac{1}{2}I_m$

由图 5-1 分析可知：

(1) 对称三相电流通过对称三相绕组时，必然会产生一个大小不变、转速一定的磁场.

(2) 由于电流变化一个周期，磁场转过一对磁极，所以旋转磁场的转速

$$n_0=\frac{60f_1}{p}(\text{r/min})$$

称为同步转速.

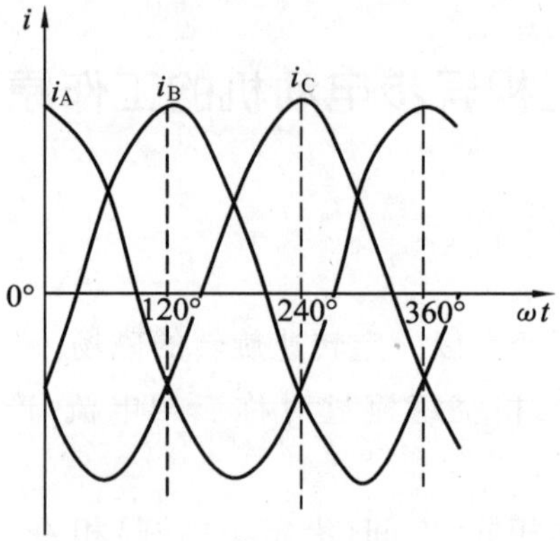

图 5-2　三相电流的变化曲线

二、三相异步电动机的结构

图 5-3 表示绕线型转子三相异步电动机的结构，由定子和转子组成.

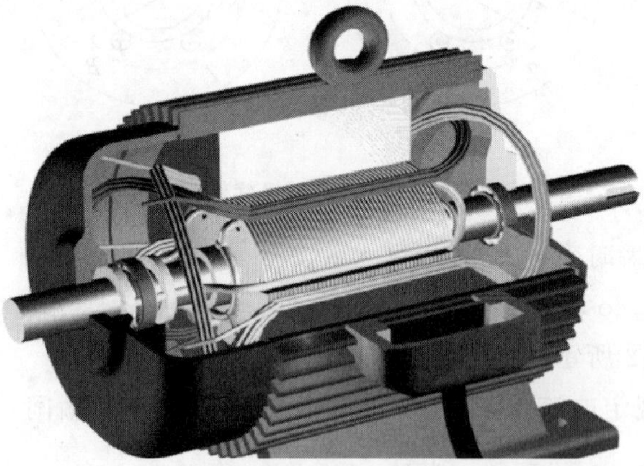

图 5-3　绕线型转子三相异步电动机的结构

1. 定子

定子铁芯：导磁和嵌放定子三相绕组由 0.5mm 硅钢片冲制涂漆叠压而成，内圆均匀开槽，槽形有半闭口、半开口和开口槽三种，适用于不同的电机.

定子绕组：电路由绝缘导线绕制线圈，由若干线圈按一定规律连接成三相对称绕组，交流电机的定子绕组称为电枢绕组.

机座：由铸铁或钢板焊接而成，具有支撑和固定作用.

2. 转子

转子铁芯：导磁和嵌放转子绕组，0.5mm 硅钢片，外圆开槽.

转子绕组分笼型和绕线型两种.

笼型绕组：电路；铸铝或铜条.

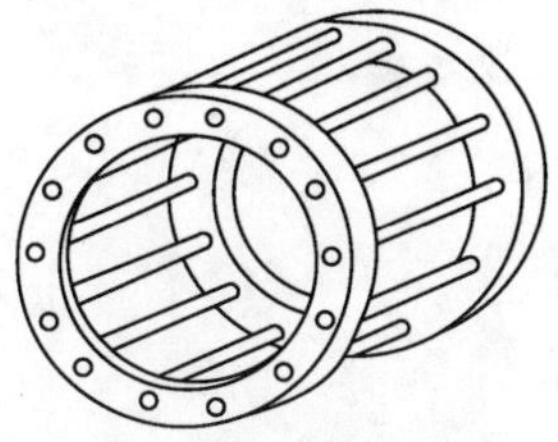
(a) 直条形式

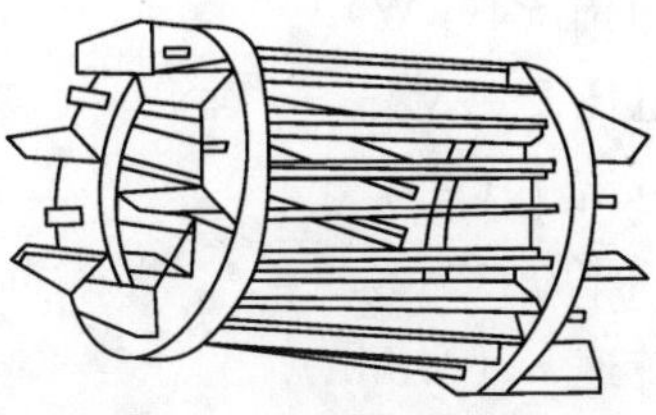
(b) 斜条形式

图 5-4 笼型绕组

绕线型绕组：对称三相绕组；星接；集电环.

气隙：气隙大小对电动机有一定的影响；中小型电机的气隙为 0.2～2mm.

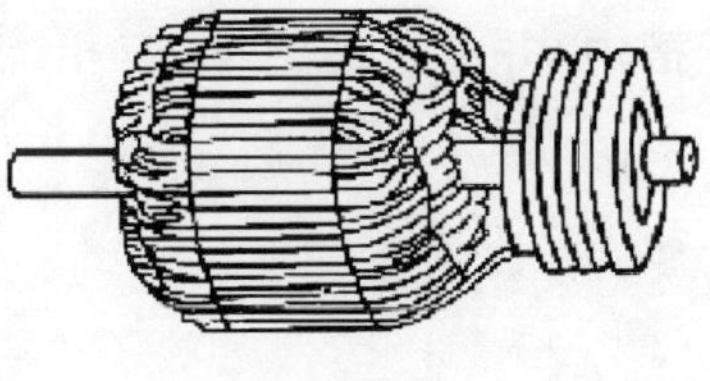
(a) 绕组外观

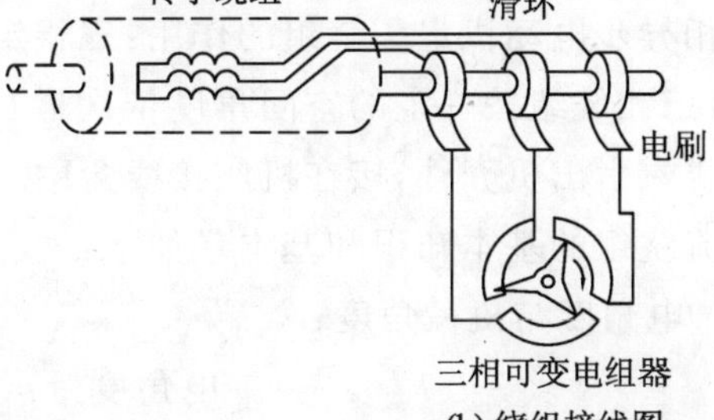

(b) 绕组接线图

图 5-5 绕线型绕组

三、三相异步电动机的工作原理

定子三相对称绕组接通三相对称电源，流过三相对称电流，产生旋转磁场(电生磁)，切割转子导体，产生感应电势和电流(磁变生电)，载流导体在磁场中受到电磁力的作用，形成电磁转矩(电磁生力)，使转子朝着旋转磁场旋转的方向旋转.

一般情况下，转子的转速 n 总是略低于同步转速 n_0，“异步”之名由此而来，转差 (n_0-n) 是异步电动机运行的必要条件，将转差与同步转速之比的百分值称为转差率 s：

$$s=\frac{n_0-n}{n_0}\times 100\%$$

转差率是异步电机的一个基本参量，不同的数值范围反映不同的运行状态：

$0<n<n_0, 0<s<1$ 电动机运行状态

$n_0<n, s<0$ 发电机运行状态

$n<0, s<0$ 电磁制动状态

§5-2 三相异步电动机的铭牌数据

三相异步电动机的铭牌数据(额定数据)如下：

(1) 额定功率 P_N(kW).

(2) 额定电压 U_N(V).

(3) 额定电流 I_N(A).

(4) 额定频率 f_N(Hz).

(5) 额定转速 n_N(r/min).

铭牌上还应标明定子绕组的接法、绝缘等级(允许温升),绕线型异步电动机还应标明转子额定电动势及额定电流.

§5-3 三相异步电动机的定子绕组

三相异步电动机定子绕组的作用:三相定子绕组是电动机的电路部分,由三相对称绕组组成,三相绕组按一定的空间角度依次嵌放在定子槽内,并与铁芯绝缘.三相绕组共有六个出线端引出机壳外,接在机座接线盒中.

交流绕组的基本知识和基本量如下：

(1) 电角度与机械角度：

$$电角度=p\times 机械角度$$

(2) 线圈:由一匝或多匝导线绕成,每相线圈各有一个首端和末端.

(3) 节距:一个线圈两边所跨定子圆周上的距离,用 y_1 表示,一般以槽数计,节距应近似等于极距 τ,$y_1=\tau$ 时为整距,$y_1<\tau$ 时为短距,其中 $\tau=\dfrac{Q_1}{2p}$.

(4) 槽距角 α:相邻两槽之间的电角度(一个槽所在距离相应的电角度)为

$$\alpha=\frac{p\times 360^\circ}{Q_1}$$

(5) 每级每相槽数 q:每一个极下每相绕组所占的槽数为

$$q=\frac{Q_1}{2pm}$$

其中,m 表示定子绕组的相数;p 表示磁极对数.

§5-4　三相异步电动机的定子磁通势及磁场

根据绕组的构成原理，先分析一个线圈的磁通势，再分析一个线圈的磁通势和一相绕组产生的磁通势，最后分析三相绕组共同产生的合成磁通势.

一、单相绕组的磁通势

（一）整距线圈的磁通势（图 5-6）

一个整距线圈 AX 通以电流 I，电流为正（A 出，X 进）时，下半部为 N 极，上半部为 S 极，用安培环路定律可得每个极下磁通势为一常数. 设磁力线自定子出为正，则气隙中磁通势沿圆周分布的幅值应为$\frac{1}{2}IN_y$.

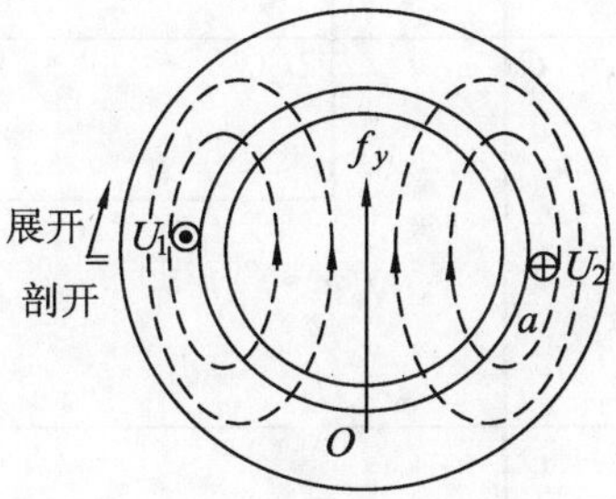

图 5-6　整距线圈的磁通势

如果电流为正弦交流 $i=\sqrt{2}I\cos\omega t$，则此矩形波的高度将随时间以电流交变的频率交变（图 5-7）. 当 $\omega t=0°$时，$i=I_m$，矩形波的高度为 $F_{ym}=\frac{\sqrt{2}}{2}N_yI$. 当 $\omega t=90°$时，$i=0$，矩形波的高度为零. 当 $\omega t=180°$时，$i=-I_m$，磁通势变为$-F_{ym}$，方向改变了（图 5-8）. 所以整距线圈产生磁通势的任何瞬间，空间分布总为矩形波. 而空间任何一点的大小随电流的变化而变化.

这种空间分布位置固定不变，而大小随时间交变的磁通势称为脉振磁通势，脉振频率即电流变化的频率，其数学表达式为

$$f_y(x,t)=\frac{1}{2}N_yi=\frac{\sqrt{2}}{2}N_yi\cos\omega t$$

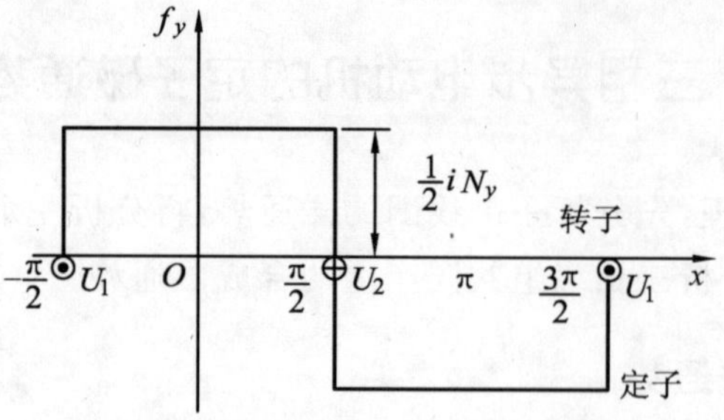

图 5-7　电流为正弦交流时的矩形波

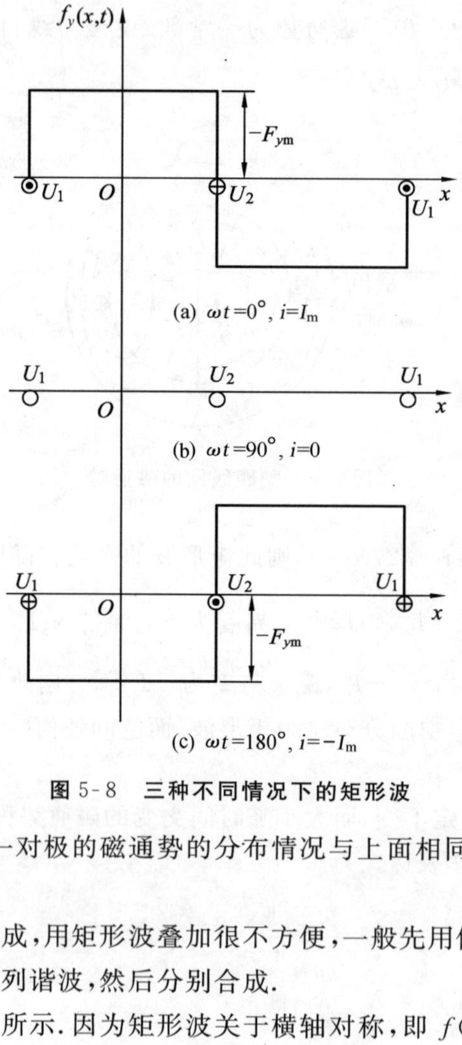

图 5-8　三种不同情况下的矩形波

对于多极电动机，每一对极的磁通势的分布情况与上面相同，只是空间分布增加了 p 倍而已.

为将线圈的磁通势合成，用矩形波叠加很不方便，一般先用傅里叶级数将矩形分布的磁通势分解成基波和一系列谐波，然后分别合成.

矩形波分解如图 5-9 所示. 因为矩形波关于横轴对称，即 $f(x)=-f(x+\tau)$，所以只含奇次谐波.

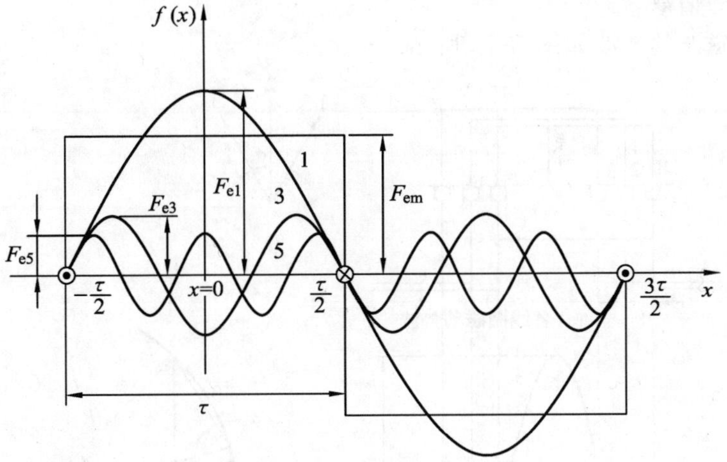

图 5-9　矩形波分解

又因为矩形波关于纵轴对称，即 $f(x)=f(-x)$，所以只含余弦项，故有

$$F_{ym}(x)=F_{y1}\cos\frac{\pi}{\tau}x+F_{y3}\cos 3\frac{\pi}{\tau}x+F_{y5}5\cos\frac{\pi}{\tau}x+\cdots$$

式中，$F_{y1}=\frac{4}{\pi}\frac{\sqrt{2}}{2}N_yI$，$F_{yi}=\frac{1}{i}\left(\frac{4}{\pi}\frac{\sqrt{2}}{2}N_yI\sin\frac{\pi}{2}\right)$，$i=1,3,5,\cdots$

$$\begin{aligned}f_y(x,t)=F_{ym}(x)\cos\omega t&=\frac{4}{\pi}\frac{\sqrt{2}}{2}N_yI\left(\cos\frac{\pi}{\tau}x-\frac{1}{3}\cos 3\frac{\pi}{\tau}x+\frac{1}{5}\cos 5\frac{\pi}{\tau}x-\cdots\right)\cos\omega t\\&=0.9N_yI\left(\cos\frac{\pi}{\tau}x-\frac{1}{3}\cos 3\frac{\pi}{\tau}x+\frac{1}{5}\cos 5\frac{\pi}{\tau}x-\cdots\right)\cos\omega t\end{aligned}$$

(二) 线圈组的磁通势

1. 整距线圈的线圈组磁通势

设 $q=3$，三个线圈各产生一个矩形波磁通势，分别进行分解，则三个基波磁通势大小相等，均为空间互差一个槽距角 α，可得线圈组基波合成磁通势的幅值为 $F_{q1}=2R\sin\frac{q\alpha}{2}$，而 $F_{y1}=2R\sin\frac{\alpha}{2}$，所以

$$\frac{F_{q1}}{F_{y1}}=\frac{\sin\frac{q\alpha}{2}}{\sin\frac{\alpha}{2}}$$

$$F_{q1}=\frac{\sin\frac{q\alpha}{2}}{q\sin\frac{\alpha}{2}}qF_{y1}=qF_{y1}k_{q1}=0.9qN_yIk_{q1}$$

式中，$k_{q1}=\frac{\sin\frac{q\alpha}{2}}{q\sin\frac{\alpha}{2}}$称为基波磁通势的分布系数，其物理意义为：由于采用分布绕组，使基

波磁通势减小的倍数($k_{q1}<1$).

合成的电磁波的基波如图 5-10 所示.

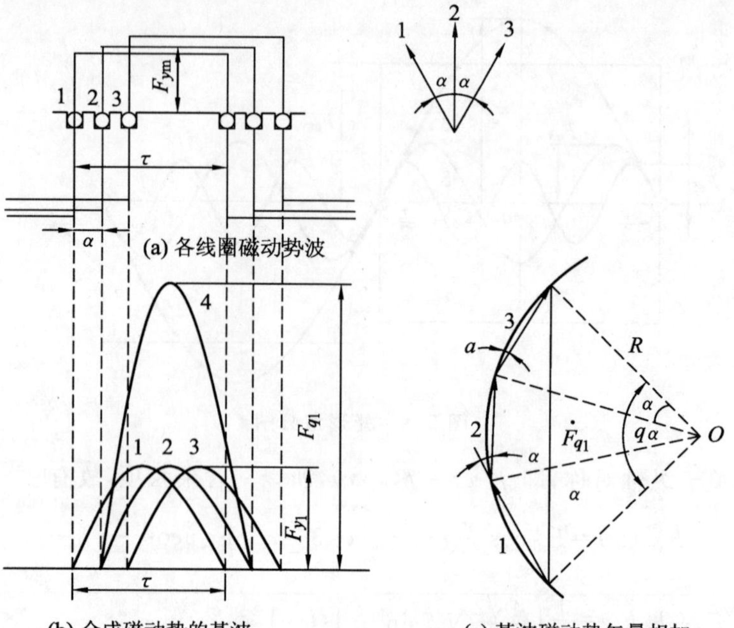

图 5-10　合成的电磁波基波

同理,对于高次谐波有

$$F_{q\nu}=qF_{y\nu}k_{q\nu}=0.9\,\frac{1}{\nu}qN_{y}Ik_{q\nu}$$

式中,$k_{q\nu}=\dfrac{\sin\dfrac{\nu q\alpha}{2}}{q\sin\dfrac{\nu\alpha}{2}}$称为谐波磁通势的分布系数.

2. 短距线圈的线圈组磁通势

双层线圈一般采用短距线圈,对合成磁通势有影响. 以双层绕组为例,$q=2$,$\tau=6$,$y_1=5$,一对极下两个短距线圈组. 根据只要不改变各线圈边中的电流大小和方向,产生的磁通势就不变的规律,可以等效为两个整距线圈组. 这两个整距线圈组在空间位移的角度 ε 正好等于线圈节距缩短的角度,即

$$\varepsilon=\left(\frac{\tau-y_1}{\tau}\right)\pi=\left(1-\frac{y_1}{\tau}\right)\pi$$

线圈组基波合成磁通势为

$$F_{\Phi1(p=1)}=2F_{q1}\cos\frac{\varepsilon}{2}=2F_{q1}k_{y1}$$

式中,$k_{y1}=\cos\dfrac{\varepsilon}{2}=\cos\dfrac{1}{2}\left(180^\circ-\dfrac{y_1}{\tau}180^\circ\right)=\sin\dfrac{y_1}{\tau}90^\circ$称为基波磁通势的短距系数. 其物理意义为:由于采用短距线圈,使基波磁通势减小的倍数. 对于 ν 次谐波,短距系数为

$k_{y\nu}=\sin\nu\frac{y_1}{\tau}90^\circ$. 如果取 $y_1=\tau-\frac{\tau}{\nu}$，因为是奇数，则 $k_{y\nu}=0$，ν 次谐波得以完全消除.

（三）单相绕组磁通势

单相绕组磁通势不是整个绕组的安匝数，而是每对极下的合成磁通势. 因此，基波合成磁通势的幅值为

$$F_{\Phi 1}=2F_{q1}k_{y1}=2(0.9qN_yIk_{q1})k_{y1}$$
$$=0.9(2qN_y)Ik_{\omega 1}=0.9\frac{N}{p}Ik_{\omega 1}$$
$$=0.9\frac{Nk_{\omega 1}}{p}I$$

式中，$k_{\omega 1}=k_{q1}k_{y1}$ 称为基波绕组系数.

谐波磁通势的幅值为

$$F_{\Phi\gamma}=0.9\frac{1}{\gamma}\frac{Nk_{\omega\gamma}}{p}I\text{（安匝/极）}$$

单相绕组磁通势的表达式为

$$f_{\Phi 1}(x,t)=0.9\frac{N}{p}\left(k_{\omega 1}\cos\frac{\pi}{\tau}x-\frac{1}{3}k_{\omega 3}\cos 3\frac{\pi}{\tau}x+\frac{1}{5}\omega_{\omega 5}\cos 5\frac{\pi}{\tau}x-\cdots\right)\cos\omega t$$

关于单相绕组磁通势的几点结论如下：

(1) 单相绕组磁通势是脉振磁通势.

(2) 基波的磁通势幅值的位置与绕组的柱线重合.

(3) 基波的磁通势幅值为 $F_{\Phi 1}=0.9\frac{Nk_{\omega 1}}{p}I$，谐基波的磁通势幅值为 $F_{\Phi\gamma}=\frac{1}{\gamma}0.9\frac{Nk_{\omega\gamma}}{p}I$.

二、三相绕组磁通势——旋转磁通势

根据三角函数公式：

$$\cos\alpha\cos\beta=\frac{1}{2}[\cos(\alpha-\beta)+\cos(\alpha+\beta)]$$

可将一相绕组的脉振磁通势公式写成

$$f_{\Phi 1}(x,t)=F_{\Phi 1}\cos\frac{\pi}{\tau}x\cos\omega t=\frac{1}{2}F_{\Phi 1}\cos\left(\omega t-\frac{\pi}{\tau}x\right)+\frac{1}{2}F_{\Phi 1}\cos\left(\omega t+\frac{\pi}{\tau}x\right)$$
$$=f'_{\Phi 1}(x,t)+f''_{\Phi 1}(x,t)$$

此式表明一个脉振磁通势可分解为两个分量.

先分析第一个分量：

$$f'_{\Phi 1}=\frac{1}{2}F_{\Phi 1}\cos\left(\omega t-\frac{\pi}{\tau}x\right)$$

当 $\omega t=90^\circ$时，磁通势在空间的分布如图 5-11 所示，观察此正弦分布曲线上为某一定值的 A 点，由于

$$f'_{\Phi1}(x,t)=\frac{1}{2}F_{\Phi1}\cos\left(\omega t-\frac{\pi}{\tau}x\right)=常数$$

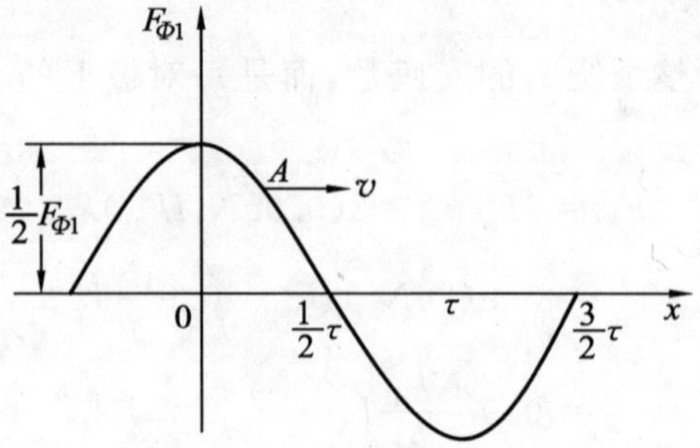

图 5-11　$\omega t=90°$时的磁势分量 $f'_{\Phi1}(x,t)$

则

$$\omega t-\frac{\pi}{\tau}=常数$$

两边对 t 微分，可得

$$\omega-\frac{\pi}{\tau}\frac{dx}{dt}=0$$

$f'_{\Phi1}(x,t)$沿气隙周围移动的线速度为

$$v=\frac{dx}{dt}=\frac{\omega\tau}{\pi}=2f_1\tau\ (m/s)$$

$f'_{\Phi1}(x,t)$沿气隙周围旋转的转速为

$$n'_0=\frac{60\times2f_1\tau}{2p\tau}=\frac{60f_1}{p}\ (r/min)$$

由此可见，$f'_{\Phi1}(x,t)$是一个旋转磁通势，其幅值为一相磁通势幅值的$\frac{1}{2}$，转速为$n'_0=\frac{60f_1}{p}$.

同理分析 $f''_{\Phi1}(x,t)$可得其亦是一个旋转磁通势，幅值为$\frac{1}{2}F_{\Phi1}$，只是转速为 $n''_0=-\frac{60f_1}{p}$，即转向相反.

结论：一个脉振磁通势可以分解为两个幅值相等、转速相同、转向相反的旋转磁通势.

三、三相绕组的基波合成磁通势

若取 A 相绕组的轴线处作为空间坐标的原点，则可得 A、B、C 三相基波磁通势的表达式分别为

$$f_{A1}=F_{\Phi1}\cos\frac{\pi}{\tau}x\cos\omega t$$

$$f_{B1}=F_{\Phi1}\cos\left(\frac{\pi}{\tau}x-120°\right)\cos(\omega t-120°)$$

$$f_{C1}=F_{\Phi1}\cos\left(\frac{\pi}{\tau}x-240°\right)\cos(\omega t-240°)$$

分别将这 3 个脉振磁通势分解，可得

$$f_{A1}(x,t)=\frac{1}{2}F_{\Phi1}\cos\left(\omega t-\frac{\pi}{\tau}x\right)+\frac{1}{2}F_{\Phi1}\cos\left(\omega t+\frac{\pi}{\tau}x\right)$$

$$f_{B1}(x,t)=\frac{1}{2}F_{\Phi1}\cos\left(\omega t-\frac{\pi}{\tau}x\right)+\frac{1}{2}F_{\Phi1}\cos\left(\omega t+\frac{\pi}{\tau}x-240^\circ\right)$$

$$f_{C1}(x,t)=\frac{1}{2}F_{\Phi1}\cos\left(\omega t-\frac{\pi}{\tau}x\right)+\frac{1}{2}F_{\Phi1}\cos\left(\omega t+\frac{\pi}{\tau}x-120^\circ\right)$$

三相绕组的基波合成磁通势为

$$\begin{aligned}f_{\omega1}(x,t)&=f_{A1}(x,t)+f_{B1}(x,t)+f_{C1}(x,t)\\&=\frac{3}{2}F_{\Phi1}\cos\left(\omega t-\frac{\pi}{\tau}x\right)=F_1\cos\left(\omega t-\frac{\pi}{\tau}x\right)\end{aligned}$$

显然，这亦是一个 $n_0=\dfrac{60f_1}{p}$ 的旋转磁通势，只是幅值为一相磁通势幅值的 $\dfrac{3}{2}$，用 F_1 表示. 三相绕组的基波合成磁通势如图 5-12 所示.

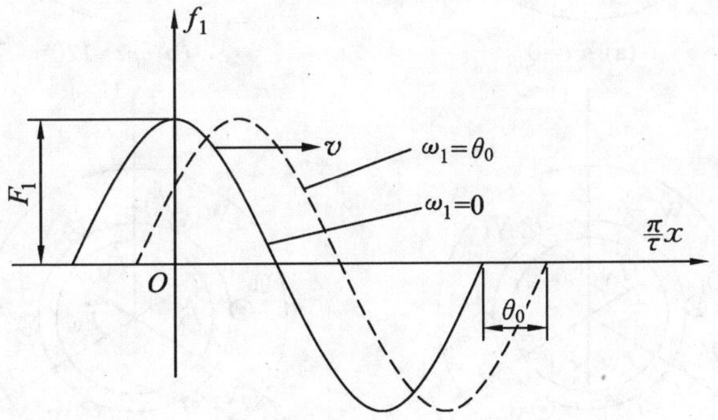

图 5-12　三相绕组的基波合成磁通势

以上是利用数学方法得出的结论. 我们亦可直观地利用图像得到.

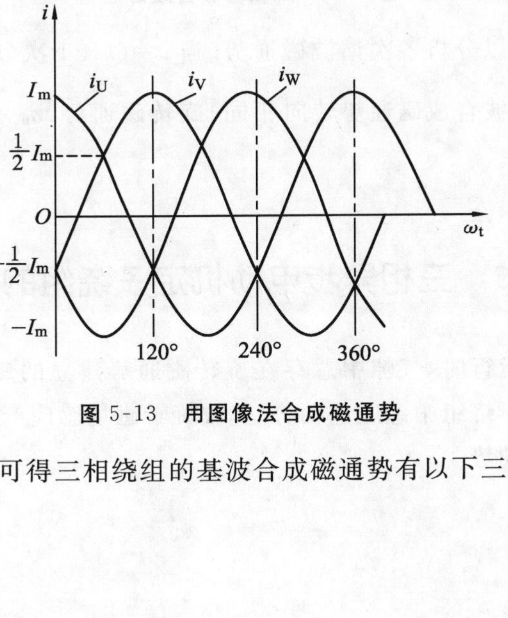

图 5-13　用图像法合成磁通势

综合以上两种方法，可得三相绕组的基波合成磁通势有以下三个特征：

（1）三相基波合成磁通势是一个旋转磁通势，速度为同步转速 $n_0=\frac{60f_1}{p}$(r/min). 旋转方向决定于电源相序，从超前相转向滞后相.

（2）幅值为一相磁通势幅值的$\frac{3}{2}$，恒定不变，故为圆形旋转磁通势.

（3）哪一相的电流达到正的最大值，三相基波合成磁通势的幅值就在哪一相绕组的轴线上，如图 5-14 所示.

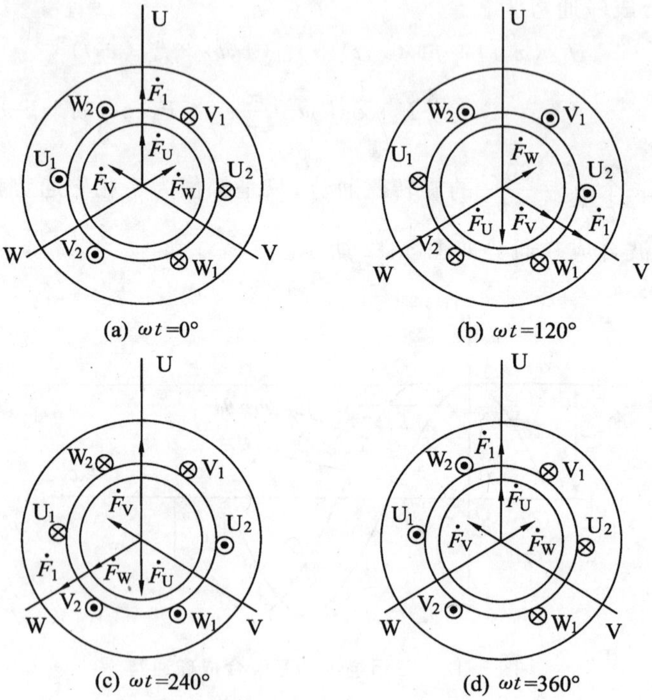

图 5-14　三相基波合成磁通势

用同样的方法，可以分析各次谐波磁通势. 当 $\nu=6k+1$ 次($k=1,2,3,\cdots$)时，谐波合成磁通势为正转(与基波合成磁通势转向相同)旋转磁通势，$n_{0\nu}=-\frac{n_0}{\nu}$，$\nu=6k-3$ 次谐波合成磁通势等于零.

§5-5　三相异步电动机定子绕组的电动势

三相异步电动机运行时，气隙中总存在旋转磁通势建立的旋转磁场，同时切割定、转子绕组，分别在定、转子绕组中感应电动势. 基波旋转磁场感应产生基波电动势，谐波旋转磁场感应产生谐波电动势.

一、绕组的基波电动势

设

$$B_x = B_{1\mathrm{m}} \sin \frac{\pi}{\tau} x$$

式中，$\frac{\pi}{\tau}x$ 为离开坐标原点的电角度，应等于 ωt，所以

$$B_x = B_{1\mathrm{m}} \sin\omega t$$

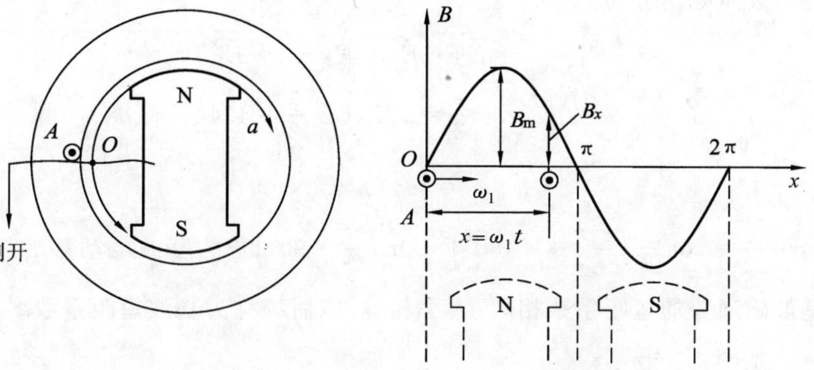

(a)　　(b)

图 5-15　导体的感应电动势

1. 导体的感应电动势

$$e = B_x l v = B_{1\mathrm{m}} l v \sin\omega t = \sqrt{2} E_{\mathrm{c1}} \sin\omega t$$

此电动势的频率为

$$f_1 = \frac{p n_0}{60}$$

此电动势的有效值为

$$E_{\mathrm{c1}} = \frac{1}{\sqrt{2}} B_{1\mathrm{m}} l v$$

由于一个极距内磁通密度的平均值为

$$B_{\mathrm{av}} = \frac{2}{\pi} B_{\mathrm{lm}}, B_{\mathrm{lm}} = \frac{\pi}{2} B_{\mathrm{av}} = \frac{\pi}{2} \frac{\Phi_1}{l} \frac{1}{\tau}$$

又

$$v = \frac{2 p \tau n_0}{60} = 2 \tau f_1$$

故

$$E_{\mathrm{c1}} = \frac{1}{\sqrt{2}} \frac{\pi}{2} \frac{\Phi_1}{\tau l} l 2 \tau f_1 = 2.22 f_1 \Phi_1$$

2．整距线圈的电动势

整距线匝的电动势为

$$E_{t1}=2E_{c1}=4.44f_1\Phi_1$$

整距线圈的电动势为

$$E_{y1}=4.44f_1N_1\Phi_1$$

3．短距线圈的电动势

一个线匝的两根导体的电动势$\dot{E}_A$和$\dot{E}_x$的相位差比180°小一个ε角（$\tau-y_1$个槽相应的电角度），故匝电动势为

$$\dot{E}_{t1_{(y1<\tau)}}=\dot{E}_A-\dot{E}_x=\dot{E}_A+(-\dot{E}_A)$$

$$\dot{E}_{t1_{(y1<\tau)}}=2\dot{E}_A\cos\frac{\varepsilon}{2}=2\dot{E}_{c1}\cos\frac{\varepsilon}{2}=4.44f_1k_{y1}\Phi_1$$

$$\dot{E}_{t1_{(y1<\tau)}}=4.44f_1k_{y1}N_1\Phi_1$$

式中，$k_{y1}=\cos\frac{\varepsilon}{2}=\cos\frac{1}{2}\left(\frac{\tau-y_1}{\tau}\times180°\right)=\sin\left(\frac{y_1}{\tau}\cdot90°\right)$称为基波电动势的短距系数．计算方法与基波磁通势的短距系数相同，大小相等．以后统称为基波短距系数．

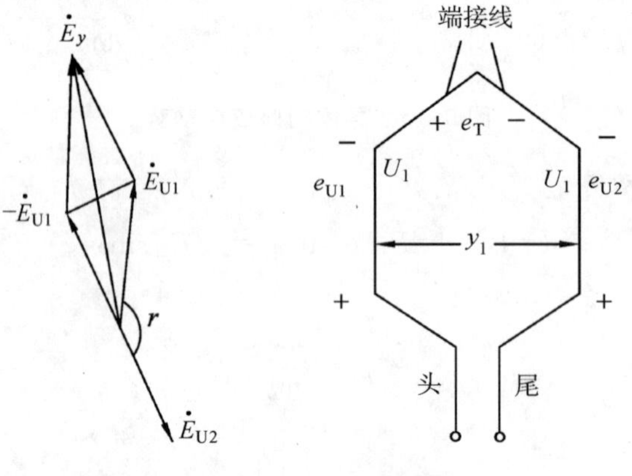

图 5-16　短距线圈的电动势

4．线圈组的感应电动势

单层绕组，每相绕组线圈组的数目等于p，双层绕组，每相线圈组数目等于$2p$，线圈组中每个线圈的电动势大小相等，只是时间相位上互差一个槽距角α．线圈组的电动势应是q个线圈电动势的相量和．设$q=3$，则相量图如图5-17所示．

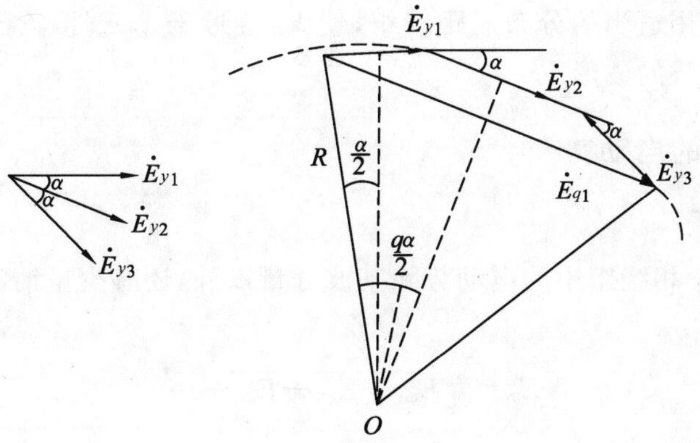

图 5-17　相量图

可见

$$E_{q1}=qE_{y1}\frac{\sin\frac{q\alpha}{2}}{q\sin\frac{\alpha}{2}}=qE_{y1}k_{q1}$$

式中，$k_{q1}=\frac{\sin\frac{q\alpha}{2}}{q\sin\frac{\alpha}{2}}$称为基波电动势的分布系数.

线圈组的基波电动势为

$$E_{q1}=4.44f_1qN_yk_{q1}k_{y1}\Phi_1=4.44f_1qN_yk_{\omega1}\Phi_1$$

式中，$k_{\omega1}=k_{q1}k_{y1}$称为基波绕组系数.

5. 一相绕组的基波电动势

对于单层绕组，a 条并联支路共有 p 个线圈组，故

$$E_{\Phi1}=\frac{p}{a}E_{q1}=\frac{p}{a}4.44f_1qN_yk_{\omega1}\Phi_1$$

$$=4.44f_1N_y\frac{pq}{a}k_{\omega1}\Phi_1$$

$$=4.44f_1Nk_{\omega1}\Phi_1$$

式中，$N=\frac{p}{a}qN_y$ 为每相串联匝数，即一条支路串联的匝数.

对于双层绕组，a 条并联支路共有 $2p$ 个线圈组，故

$$E_{\Phi1}=\frac{2p}{a}E_{q1}=\frac{2p}{a}4.44f_1qN_yk_{\omega1}\Phi_1$$

$$=4.44f_1Nk_{\omega1}\Phi_1$$

式中，$N=\frac{2p}{a}qN_y$ 为每相串联匝数.

同理，可得一相绕组谐波电动势有效值的计算公式为

$$E_{\Phi v}=4.44f_vNk_{\omega v}\Phi_v$$

设计绕组时，可以采用适当的分布短距绕组，使 $k_{\omega 1}$ 接近于 1，$k_{\omega v}$ 接近于零，就能明显削弱谐波，从而改善电动势的波形.

二、三相绕组的电动势

1. 相电动势

实际电机定子一相绕组中的电动势除基波分量以外，还有少量谐波分量，故每相电动势的有效值应为

$$E_{\Phi}=\sqrt{E_{\Phi 1}^{2}+E_{\Phi 3}^{2}+E_{\Phi 5}^{2}+\cdots}$$

2. 线电动势

(1) 星形接法，线电动势为

$$E_{l}=\sqrt{3}\sqrt{E_{\Phi 1}^{2}+E_{\Phi 5}^{2}+\cdots}$$ 不包含三和三的倍数次谐波

(2) 三角形接法，线电动势为

$$E_{l}=\sqrt{E_{\Phi 1}^{2}+E_{\Phi 5}^{2}+\cdots}$$ 不包含三和三的倍数次谐波

第六章

异步电机的运行原理

§6-1　三相异步电机运行时的电磁过程

一、异步电机负载时的物理情况

定子三相对称绕组接通三相对称电源，流过三相对称电流，产生旋转磁通势 F_1 和旋转磁场，以同步转速 n_0 切割定、转子绕组，分别产生感应电动势 $\dot{E}_{1A}$、$\dot{E}_{1B}$、$\dot{E}_{1C}$ 和 $\dot{E}_{2a}$、$\dot{E}_{2b}$、$\dot{E}_{2c}$，转子绕组是闭合的，因而产生三相对称电流 $\dot{I}_{2a}$、$\dot{I}_{2b}$、$\dot{I}_{2c}$，转子载流导体在磁场当中受到电磁力作用，使转子朝着旋转磁场的方向以转速 $n(<n_0)$ 旋转. 空载时，电磁转矩仅需克服摩擦和风阻的阻转矩，很小，因此，$n_0 \approx n$ $\dot{E}_{2s} \approx 0$，$\dot{I}_2 \approx 0$，电机的磁通势 $F_{m0}=F_{10}$. 异步电机负载时，转速下降，$n(<n_0)$、$\dot{E}_{2s}$ 及 $\dot{I}_2$ 均增大，I_2 产生转子磁通势 F_2，此时电机中的磁通势应由定、转子绕组共同产生.

1. 转子磁通势

以绕线型转子为例，结论同样适用于笼型转子.

(1) F_2 的旋转方向.

如图 6-1 所示，转子绕组的相序取决于定子电流产生的旋转磁场的转向，转子旋转磁通

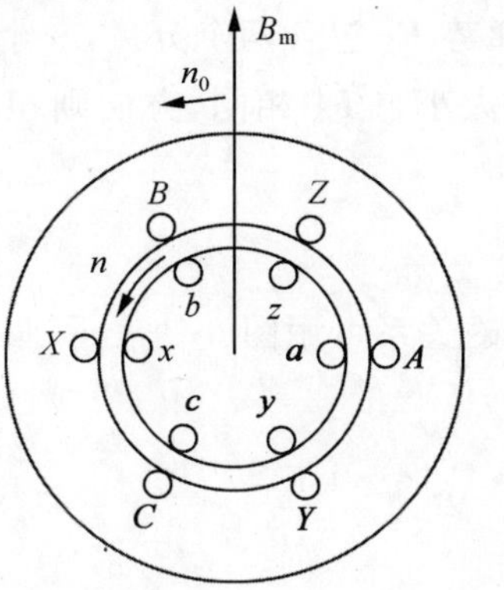

图 6-1　转子绕组的相序

势的转向又取决于转子绕组的相序，因而旋转磁通势的方向与定子磁通势的旋转方向相同.

(2) F_2的转速.

转子电路的频率为

$$f_2=\frac{p(n_0-n)}{60}=\frac{n_0-n}{n_0}\times\frac{pn_0}{60}=sf_1$$

转子电流产生的旋转磁通势 F_2相对于转子本身的转速为

$$\Delta n=\frac{60f_2}{p}=\frac{60f_1s}{p}=n_0s$$

$$=n_0\frac{n_0-n}{n_0}=n_0-n$$

转子本身以转速 n 向前旋转，所以 F_2相对于定子的转速(空间转速)为

$$\Delta n+n=n_0-n+n=n_0$$

即转子磁通势 F_2 和定子磁通势 F_1 的转速是相同的，均为 n_0，所以 F_2与 F_1在空间相对静止，无相对运动.

2. *磁通势平衡关系*

负载时，转子磁通势 F_2与定子磁通势 F_1在空间相对静止，其合成磁通势保持定值，此时气隙中的旋转磁场由此合成磁通势产生，即

$$\boldsymbol{F}_1+\boldsymbol{F}_2=\boldsymbol{F}_{\rm m}\rightarrow\bar{B}_{\rm m}(\dot{\Phi}_{\rm m})$$

而空载时

$$\boldsymbol{F}_{10}=\boldsymbol{F}_{\rm m0}\rightarrow\bar{B}_{\rm m0}(\dot{\Phi}_{\rm m0})$$

由于电动机空载和负载时，所加电压 U_{1N}保持不变，电动势 $E_1\approx U_{1N}$近似不变，所以 $\Phi_{\rm m}\approx\Phi_{\rm m0}$，故有

$$\boldsymbol{F}_1+\boldsymbol{F}_2=\boldsymbol{F}_{\rm m}\approx\boldsymbol{F}_{\rm m0}\rightarrow\dot{\Phi}_{\rm m}$$

即

$$\boldsymbol{F}_1=\boldsymbol{F}_{\rm m}+(-\boldsymbol{F}_2)$$

上式表明：负载时定子磁通势 $\boldsymbol{F}_1$ 包含两个分量，一个分量为$-\boldsymbol{F}_2$，作用是抵消转子磁通势 $\boldsymbol{F}_2$ 对主磁通势的影响，其大小与 $\boldsymbol{F}_2$ 相同，方向则相反；另一个分量为 $\boldsymbol{F}_{\rm m}$，作用是产生主磁通$\dot{\Phi}_{\rm m}$.

3. *电磁关系*

异步电机负载时内部的电磁关系可用图 6-2 表示.

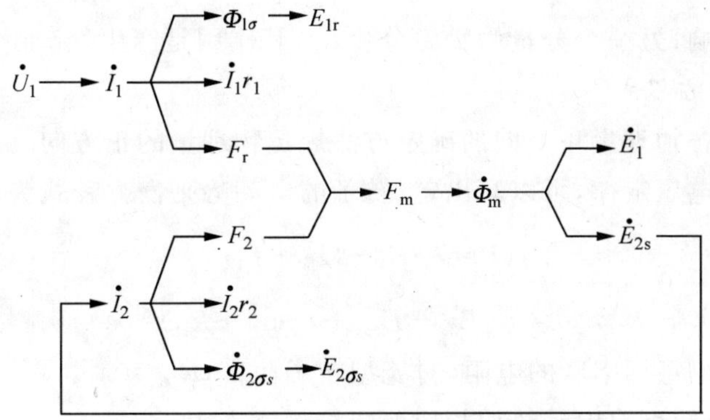

图 6-2 异步电动机负载运行时的电磁关系

图中，

$$\dot{E}_1 = -\mathrm{j}4.44 f_1 N_1 \dot{\Phi}_m$$

$$\dot{E}_{2s} = -\mathrm{j}4.44 f_1 N_1 \dot{\Phi}_m$$

$$E_{2s} = 4.44 f_2 N_2 \Phi_m = 4.44 s f_1 N_2 \Phi_m = s E_2$$

$$\dot{E}_2 = -\mathrm{j}4.44 f_1 N_2 \dot{\Phi}_m$$

$$\dot{E}_{1\sigma} = -\mathrm{j}4.44 f_1 N_1 k_{w1} \dot{\Phi}_\sigma$$

$$\dot{E}_{2\sigma s} = -\mathrm{j}4.44 f_2 N_2 k_{w2} \dot{\Phi}_{2\sigma s} = -\mathrm{j}4.44 f_1 N_2 k_{w2} \dot{\Phi}_m s = s\dot{E}_{2\sigma}$$

二、基本方程式

1. 磁通势平衡方程式

已知

$$\boldsymbol{F}_1 + \boldsymbol{F}_2 = \boldsymbol{F}_m$$

即

$$0.9\frac{m_1}{2}\frac{N_1 k_{w1}}{p} I_1 + 0.9\frac{m_2}{2}\frac{N_2 k_{w2}}{p} I_2 = 0.9\frac{m_1}{2}\frac{N_1 k_{w1}}{p} I_m$$

$$\dot{I}_1 + \frac{m_2 N_2 k_{w2}}{m_1 N_1 k_{w1}} \dot{I}_2 = \dot{I}_m$$

写成

$$\dot{I}_1 + \frac{\dot{I}_2}{k_i} = \dot{I}_1 + \dot{I}'_2 = \dot{I}_m$$

式中，$k_i = \frac{m_1 N_1 k_{w1}}{m_2 N_2 k_{w2}}$称为异步电机的电流比.

由此可得用电流形式表示的磁通势平衡方程式为

$$\dot{I}_1 = \dot{I}_m + (-\dot{I}'_2)$$

上式说明负载时定子电流包含两个分量，一个分量为负载分量$(-\dot{I}'_2)$，其作用是抵消转子电流对主磁通的影响；另一个分量为励磁分量$\dot{I}_m$，其作用是产生气隙主磁通$\dot{\Phi}_m$.

2. 电动势平衡方程式

仿照变压器中各物理量正方向的确定方法规定物理量的正方向.

根据基尔霍夫电压定律，可以写出定、转子的电动势平衡方程式为

$$\dot{U}_1=-\dot{E}_1-\dot{U}_{1\sigma}+\dot{I}_1 r_1$$

$$0=-\dot{E}_{2\sigma}-\dot{E}_{2\sigma s}+\dot{I}_2(r_2+R_\Omega)$$

式中，R_Ω为转子绕组每相串联的电阻，对笼型转子而言，$R_\Omega=0$.

与变压器中一样，可将电动势用相应的阻抗压降来表示：

$$\dot{E}_1=-\dot{I}_m Z_m=-\dot{I}_m(r_m+jX_m)$$

式中，Z_m为励磁阻抗，表征铁芯磁化特性和铁耗的综合参数；X_m为励磁电抗，与气隙主磁通相对应；r_m为励磁电阻，反映铁耗.

同理

$$\dot{E}_{1\sigma}=-j\dot{I}_1 X_1$$

$$\dot{E}_{2\sigma s}=-j\dot{I}_2 X_{2s}$$

式中，X_1为定子漏抗；X_{2s}为转子以转差率s旋转时的漏抗$X_{2s}=sX_2$.

由此，电动势平衡方程式可表示为

$$\dot{U}_1=-\dot{E}_1+j\dot{I}_1 X_1+\dot{I}_1 r_1=-\dot{E}_1+\dot{I}_1 Z_1$$

$$\dot{E}_{2\sigma}=s\dot{E}_2=\dot{I}_2(r_2+R_\Omega)+j\dot{I}_2 sX_2=\dot{I}_2 Z_2$$

加上

$$\dot{E}_1=-\dot{I}_m Z_m=-\dot{I}_m(r_m+jX_m)$$

$$\dot{I}_1+\frac{\dot{I}_2}{k_i}=\dot{I}_m$$

$$\dot{E}_1=\frac{N_1 k_{w1}}{N_2 k_{w2}}\dot{E}_2=k_e\dot{E}_2 \quad (k_e\text{ 称为异步电机的电动势比})$$

称为异步电机负载时的基本方程式.

§6-2　三相异步电机的等效电路及相量图

一、等效电路

三相异步电机负载运行时，不但原、副绕组的电动势不相等，而且频率也不一样（$f_2=sf_1$），为此，要得出等效电路，不但要像变压器那样进行绕组归算，还应进行频率归算.

(一) 频率归算

转子对定子的作用是通过磁通势 F_2 产生，只要维持归算前后 F_2 不变即可，亦即只要维持转子绕组的电流不变. 由转子绕组电动势平衡方程式可得

$$\dot{I}_{2s}=\frac{s\dot{E}_2}{r_2+\mathrm{j}sX_2}=\frac{\dot{E}_2}{\frac{r_2}{s}+\mathrm{j}X_2}=\dot{I}_2$$

式中，$\dot{E}_2$、$\dot{I}_2$、X_2 分别为转子不转时每相绕组的电动势、电流和漏电抗.

经过以上变换后得到的电流 $\dot{I}_2$ 在大小和相位上完全与 $\dot{I}_{2s}$ 一样，但物理意义却大不相同. $\dot{I}_2$ 等于转子不转时的电动势 $\dot{E}_2$ 除以转子不转时的漏电抗 X_2 和转子等效电阻 $\frac{r_2}{s}$，所以这时 $\dot{I}_2$ 的频率已经变成了 f_1.

变换后的转子电路功率因数角 φ_2 也与原来一样，即

$$\varphi_2=\tan^{-1}\frac{X_{2s}}{r_2}=\tan^{-1}\frac{sX_2}{r_2}=\tan^{-1}\frac{X_2}{\frac{r_2}{s}}$$

综上所述，用一个静止的转子去等效代替一个实际旋转的转子，只要把转子电路的电阻 r_2 改为 $\frac{r_2}{2}$（相当于在转子回路中串联了一个 $\frac{r_2}{s}-r_2=\frac{1-s}{s}r_2$ 的电阻），电抗 X_{2s} 改为 X_2，用这些阻抗去除转子不转时的 $\dot{E}_2$，就能得到一个大小和相位与转子旋转时一样，而频率为 f_1 的转子电流. 这个电流产生的 F_2 与原来的一样. 这种用一个静止不动的转子代替实际旋转转子，从而使转子回路的频率由 f_2 变为 f_1 的方法，就叫频率归算.

频率归算后的电路如图 6-3 所示，与变压器情况类似，虽然两边的频率已相同，但欲连成一个电路，还需进行绕组归算.

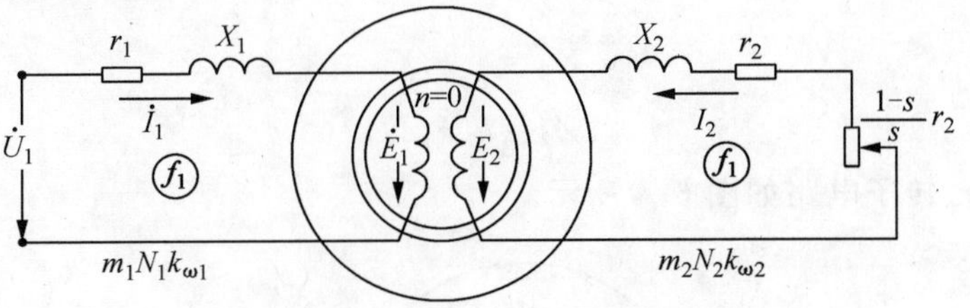

图 6-3 频率归算后异步电动机的定、转子电路图

(二) 绕组归算

绕组归算是人为地假想相数、每相串联匝数以及绕组系数均和定子绕组相同的绕组，等效替代相数为 m_2、每相串联匝数为 N_2 以及绕组系数为 k_{w2}，并经过频率归算的转子绕组. 归算原则是归算前后转子对定子的电磁效应不变，即转子磁通势不变，各部分的功率不变.

1. 电流的归算

由归算前后转子磁通势不变，可得

$$0.9\frac{m_1}{2}\frac{N_1 k_{w1}}{p}\dot{I}'_2=0.9\frac{m_2}{2}\frac{N_2 k_{w2}}{p}\dot{I}_2$$

归算后的电流为

$$\dot{I}'_2=\frac{m_2 N_2 k_{w2}}{m_1 N_1 k_{w1}}I_2=\frac{1}{k_i}I_2$$

2. 电动势的归算

由归算前后转子总视在功率不变，得

$$m_1 E'_2 I'_2=m_2 E_2 I_2$$

归算后的电动势为

$$E'_2=\frac{m_2}{m_1}\frac{I_2}{I'_2}E_2=\frac{m_2}{m_1}\frac{m_1 N_1 k_{w1}}{m_2 N_2 k_{w2}}E_2=k_e E_2=E_1$$

式中，$k_e=\frac{N_1 k_{w1}}{N_2 k_{w2}}$称为电动势比.

3. 阻抗的归算

由转子铜耗不变，得

$$m_1 I'^2_2 r'_2=m_2 I^2_2 r_2$$

则

$$r'_2=\frac{m_2 I^2_2}{m_1 I'^2_2}r_2=\frac{m_2}{m_1}\left(\frac{m_1 N_1 k_{w1}}{m_2 N_2 k_{w2}}\right)^2 r_2=k_e k_i r_2$$

由转子无功功率不变，得

$$m_1 I'^2_2 X'_2=m_2 I^2_2 X_2$$

则

$$X'_2=k_e k_i X_2$$

$$Z'_2=k_e k_i Z_2$$

归算后的定、转子电路如图 6-4 所示.

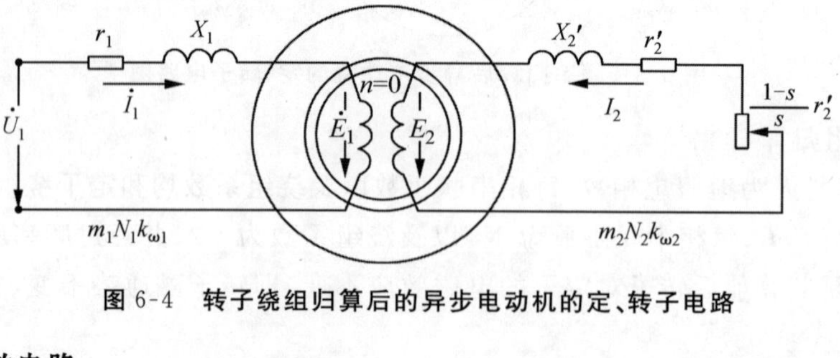

图 6-4 转子绕组归算后的异步电动机的定、转子电路

(三) 等效电路

经过频率归算和绕组归算后的基本方程式为

$$\dot{U}_1=-\dot{E}_1+\dot{I}_1Z_1$$

$$\dot{E}'_2=\dot{I}'_2\left(\frac{r'_2}{s}+\mathrm{j}X'_2\right)$$

$$\dot{E}_1=\dot{E}'_2$$

$$\dot{I}_1+\dot{I}'_2=\dot{I}_m$$

$$\dot{E}_1=-\dot{I}_mZ_m$$

由基本方程可以推导出变压器的等效阻抗为

$$Z_d=\frac{\dot{U}_1}{\dot{I}_1}=Z_1+\cfrac{1}{\cfrac{1}{Z_m}+\cfrac{1}{\cfrac{r'_2}{s}+\mathrm{j}X'_2}}$$

由此可以作出异步电机的等效电路，如图 6-5 所示，此电路也可由图 6-4 的电路得到，称为异步电机的 T 形等效电路.

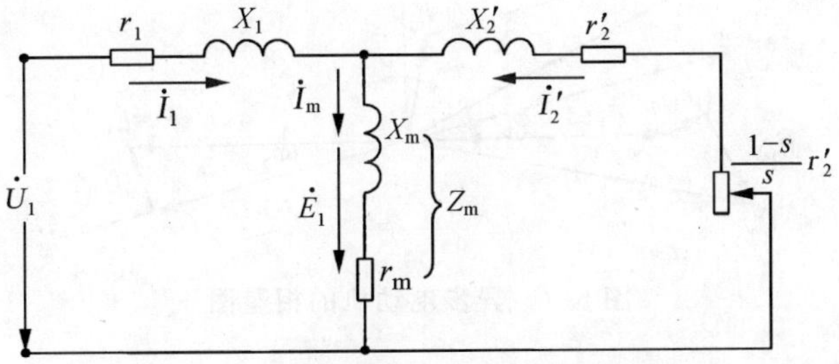

图 6-5　异步电动机的 T 形等效电路

T 形等效电路综合了异步电机运行时内部的电磁关系，能反映异步电机的各种运行情况.

空载运行时，$n\approx n_0$，s 很小，$\frac{1-s}{s}r'_2$ 趋于无穷大，转子绕组相当于开路，$\dot{I}'_2\approx 0$，$\dot{I}_1\approx\dot{I}_m$，功率因数很低.

额定负载运行时，$\frac{r'_2}{s}$ 约为 r'_2 的 20 倍左右，转子电路的功率因数提高，定子电路的功率因数也较高，可达 0.8～0.85，由于 $\dot{I}_{1N}Z_1$ 不大，$-\dot{E}\approx\dot{U}_1$，主磁通基本不变(略小).

启动情况：启动起始时刻，$n=0$，$s=1$，$\frac{s-1}{s}r'_2=0$，相当于短路，为此，启动电流可达额定电流的 4～7 倍.

（四）等效电路的简化

当分析或计算要求精度不是很高时，可将 T 形等效电路简化为单纯的并联的 Γ 形等效电路，如图 6-6 所示.

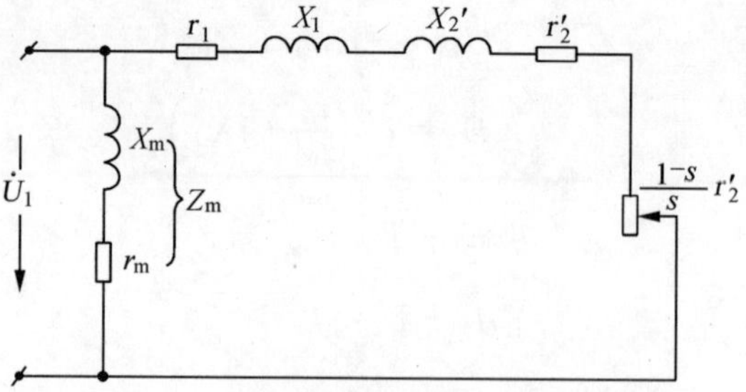

图 6-6　异步电动机的近似等效电路

二、相量图

异步电动机的相量图如图 6-7 所示.

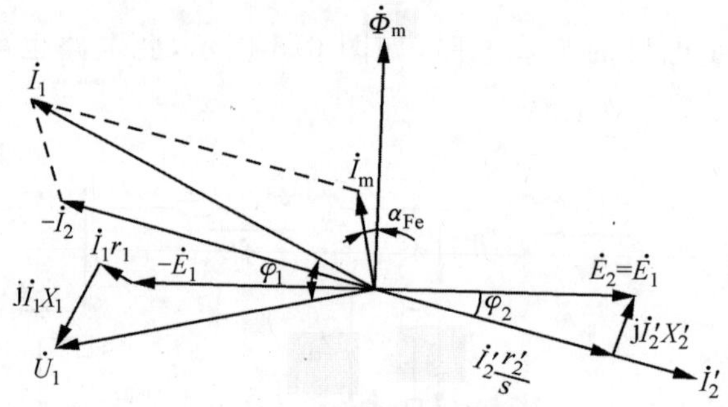

图 6-7　异步电动机的相量图

§6-3　三相异步电机的功率和转矩

一、功率平衡方程式

三相异步电机以转速 n 稳定运行时，定子绕组从电源输入的电功率 P_1 为

$$P_1 = 3U_1 I_1 \cos\varphi_1$$

从等效电路可以看出，P_1 的一小部分消耗于定子绕组铜损耗

$$p_{Cu1} = 3I_1^2 r_1$$

有一部分消耗于定子铁芯的铁损耗

$$p_{Fe} = 3I_m^2 r_m$$

余下的大部分功率通过气隙旋转磁场，利用电磁感应作用由定子传给转子的全部功率，称为电磁功率 p_{em}

$$p_{em} = P_1 - p_{Cu1} - p_{Fe}$$

p_{em}等于转子回路全部电阻上的损耗

$$p_{em} = 3I'^2_2 \frac{r'_2}{s} = 3I'^2_2 \left(r'_2 + \frac{1-s}{s} r'_2\right)$$

也可表示为

$$p_{em}=3E'_2I'_2\cos\varphi_2=m_2E_2I_2\cos\varphi_2$$

转子绕组的铜损耗为

$$p_{Cu2}=3I'^2_2r'_2=sp_{em}$$

p_{Cu2}又称转差功率.

由于f_2很低,转子铁损耗可以忽略不计.为此,电磁功率p_{em}减去转子铜损耗p_{Cu2},剩下的转化为总机械功率p_{mec},即

$$p_{mec}=p_{em}-p_{Cu}=(1-s)p_{em}$$

总机械功率使电动机转动,产生轴承摩擦和风阻损耗等机械损耗,另外,还有一些附加损耗,一般把$p_{mec}+p_{\Delta}$称为电动机的空载损耗p_0,p_{mec}中扣除p_0即为轴上输出的功率P_2,即

$$P_2=p_{mec}-(p_{mec}+p_{\Delta})=p_{mec}-p_0$$

以上功率关系可用图6-8所示的功率流程图表示,由以上公式或功率流程图可得电动机总的功率平衡方程式为

$$P_2=P_1-\sum p=P_1-(p_{Cu1}+p_{Fe}+p_{Cu2}+p_{mec}+p_{\Delta})$$

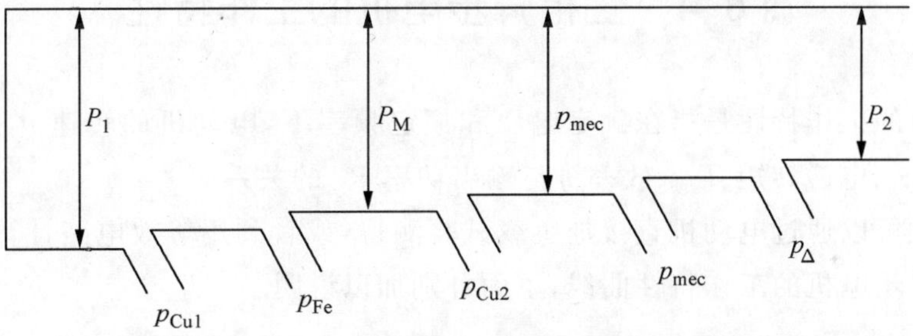

图 6-8　异步电动机的功率流程图

二、转矩平衡方程式

将功率关系式

$$p_{mec}=P_2+p_0$$

的两边同时除以转子机械角速度ω,则得到转矩平衡方程式

$$\frac{p_{mec}}{\omega}=\frac{P_2}{\omega}+\frac{p_0}{\omega}$$

即

$$T=T_2+T_0$$

式中,$T_2=\dfrac{P_2}{\omega}$为电动机轴上的输出功率;$T_0=\dfrac{p_0}{\omega}$为对应于机械损耗和附加损耗的转矩,称为空载转矩;$T=\dfrac{p_{mec}}{\omega}$为对应总机械功率的转矩,称为电磁转矩.

可见，电磁转矩 T 等于总机械功率 p_{mec} 除以转子机械角速度，也等于电磁功率 p_{em} 除以同步机械角速度，前者是从转子本身产生机械功率导出的，而后者是从旋转磁场做功这一概念得出的.

三、电磁转矩公式

$$T_{em}=\frac{p_{em}}{\omega_0}=\frac{1}{\omega_0}m_1 I_2'^2\frac{r_2'}{s}=\frac{m_2E_2I_2\cos\varphi_2}{\frac{2\pi n_0}{60}}=\frac{m_1E_2'I_2'\cos\varphi_2}{\frac{pn_0}{60}\frac{2\pi}{p}}$$

$$=\frac{m_1(\sqrt{2}\pi f_1N_1k_{w1}\Phi_m)I_2'\cos\varphi_2}{\frac{2\pi f_1}{p}}=\left(\frac{pm_1N_1k_{w1}}{\sqrt{2}}\right)\Phi_m I_2'\cos\varphi_2$$

$$=C_{MJ}\Phi_m I_2'\cos\varphi_2$$

式中，$C_{MJ}=\frac{pm_1N_1k_{w1}}{\sqrt{2}}$称为转矩常数.

可见，异步电机的转矩公式与直流电机的极为相似.

§6-4 三相异步电机的工作特性

异步电机的工作特性是指在额定电压和额定频率下，电动机的转速 n、定子电流 I_1、功率因数 $\cos\varphi_1$、电磁转矩 T_{em}、效率 η 与输出功率 P_2 的关系.

工作特性可以通过电动机直接加负载试验测得，或者利用等效电路计算而得，图 6-9 所示为三相异步电机的工作特性曲线，下面分别加以说明.

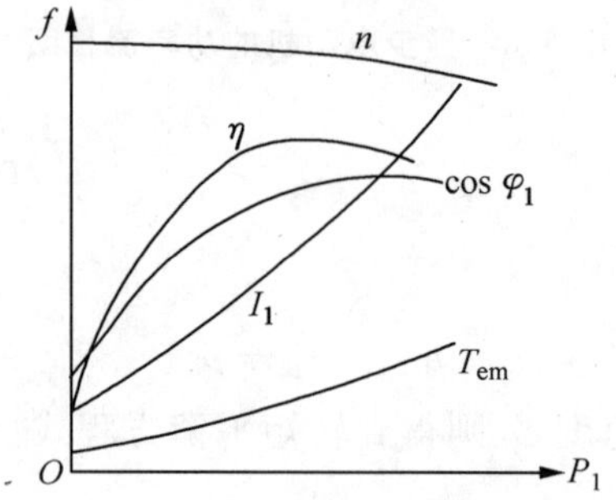

图 6-9 异步电动机的工作特性

一、转速特性 $n=f(P_2)$

因为 $n=(1-s)n_0$，电动机空载时，转速 n 接近同步转速 n_0，s 很小，随着负载的增加，转速 n 略有下降，s 略微上升，使转子电动势 $E_{2s}=sE_2$ 增大，转子电流 I_{2s}增大，以产生更大的电磁转矩与负载转矩相平衡，所以，随着输出功率的增大，转速特性是一条稍微下降的曲线，一般异步电动机额定负载时的转差率为 1.5%～5.0%，相应的转速为(0.985～0.95)n_0.

二、定子电流特性

定子电流$\dot{I}_1=\dot{I}_m+(-\dot{I}'_2)$，空载时，转子电流$\dot{I}'_2\approx 0$，定子电流几乎全部是励磁电流$\dot{I}_m$，随着负载加大，转速下降，转子电流$I'_2$增大，相应 I_1 必增大，定子电流近似随 P_2 按比例增加，如图 6-9 所示.

三、功率因数特性 $\cos\varphi_1$

异步电动机对电源来说是个感性负载，功率因数总是滞后的，运行时必须从电网吸取感性无功功率. 空载时，定子电流几乎全部是无功的磁化电流，所以 $\cos\varphi$ 很低，约为 0.1～0.2. 随着负载的增加，转子电流中的有功分量增加，定子中的有功分量随之增加，使功率因数提高，在接近额定负载时，功率因数达到最高，负载再增大时，由于转速 n 下降明显，s 值变得较大，转子功率因数角 $\varphi_2=\tan^{-1}\dfrac{sX_2}{r_2}$变大，使 $\cos\varphi_2$ 和 $\cos\varphi_1$ 又开始下降.

四、电磁转矩特性 T_{em}

稳态运行时，异步电机的电磁转矩为

$$T_{em}=T_0+T_2=T_0+\frac{P_2}{\omega}$$

由于负载不超过额定值时，转速 n 和机械角速度 ω 变化很小，而空载转矩 T_0 又近似不变，所以 T_{em}随 P_2 的增大而增大，近似直线关系.

五、效率特性 η

异步电动机的效率为

$$\eta=\frac{P_2}{P_1}=1-\frac{\sum p}{p_2+\sum p}$$

异步电动机的损耗也可分为不变损耗和可变损耗两部分. 电动机从空载到满载运行时，由于主磁通和转速变化很小，铁耗和机械损耗近似不变，称为不变损耗. 而定、转子铜耗和附加损耗是随负载而变化的，称为可变损耗. 空载时，$P_2=0$，$\eta=0$，随着 P_2 增加，可变损耗增加很慢，η 上升很快，直到当可变损耗等于不变损耗时，效率最高. 若负载继续增大，铜损耗增加很快，效率反而下降. 对中小型异步电动机，最高效率大约出现在 0.75P_N 时，电动机越大，效率越高，一般为 74%～94%.

§6-5　三相异步电动机参数的测定

异步电动机的参数包括励磁参数(Z_m,r_m,X_m)和短路参数(Z_1,r_1,X_1,Z_2',r_2',X_2'). 有了这些参数，就可以用等效电路计算异步电动机的运行特性. 和变压器一样，对已制成的电机可以通过空载试验和短路试验测定其参数.

一、空载试验

空载试验的目的是测定励磁参数 r_m、X_m 以及铁耗 p_{Fe}和机械损耗 p_{mec}. 试验时，电动机轴上不带任何负载，定子接到额定频率的对称三相电源上，加额定电压运转一段时间(30min)，使其机械损耗达到稳定值，然后调节电压，使其从(1.1～1.3)U_N开始，逐渐降低，直至电机转速发生明显变化(电流回升)为止. 测量7～9点，记录每次的端电压U_1、空载电流I_{10}、空载功率P_{10}和转速n. 根据记录数据，绘制空载特性曲线I_{10}和P_{10}，如图6-10所示 .

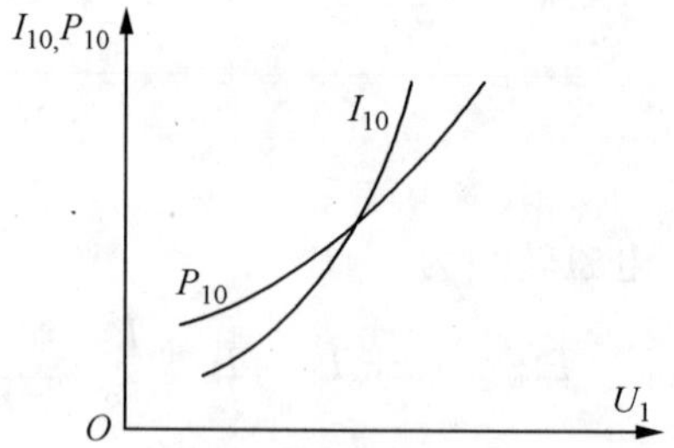

图 6-10　空载特性曲线

空载时，转子铜损耗可以忽略，因此，$P_{10} \approx m_1 I_{10}^2 r_1 + p_{Fe} + p_{mec}$，由于 p_{Fe}与 B 的平方成正比，亦即与 U 的平方成正比，而 p_{mec}与电压 U_1 无关，仅取决于转速，故可得 $P_{10} - m_1 I_{10}^2 r_1 = f(U_1^2)$，画成曲线，如图6-11所示，此近似直线将纵坐标分为两部分，虚线下部纵坐标为 p_{mec}，虚线上部纵坐标为 p_{Fe}，应取 $U_1 = U_{1N}$的值.

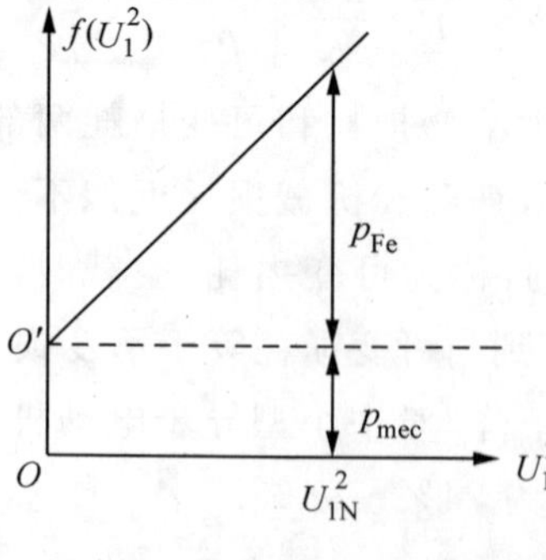

图 6-11　忽略铜耗的空载特性曲线

根据空载时的等效电路可得

$$X_m+X_1\approx\frac{U_1}{I_{10}},r_m=\frac{p_{Fe}}{m_1 I_{10}^2},Z_m=\sqrt{r_m^2+X_m^2}$$

式中，X_1 将由短路试验测定.

二、短路试验

短路试验的目的是测定短路参数 r'_2、X'_2、X_1，试验时如果是绕线式异步电动机，转子绕组应予以短路，并将转子堵住不转，故又称堵转试验. 堵转试验应降低电压进行，一般从 $U_1=0.4U_N$ 开始，逐步降低电压，为避免绕组过热而烧坏，试验应尽快进行. 测量5～7点，每次记录端电压 U_1，定子短路电流 I_{1S}、短路功率 P_{1S}，并测量定子绕组每相电阻 r_1. 根据记录数据，绘出电动机的短路特性 $I_{1s}=f(U_1)$，$P_{1s}=f(U_2)$，如图 6-12 所示.

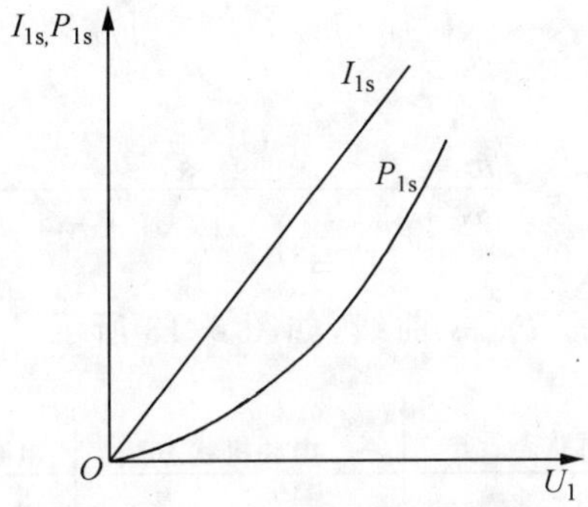

图 6-12　电动机的短路特性

根据堵转试验的等效电路$\left(\frac{1-s}{s}r'_2=0\right)$可知，全部输入功率 P_{1S}都消耗在定子铜耗与转子铜耗上，即

$$P_{1s}\approx m_1 I_1^2 r_1+m_1 I'^2_2 r'_2$$

由于 $I_m\approx 0$，则可认为 $I'_2\approx I_{1s}$，则

$$P_{1s}\approx m_1 I_{1s}^2(r_1+r'_2)=m_1 I_{1s}^2 r_s$$

根据短路数据，可以求出短路阻抗 Z_s，断路电阻 r_s 和短路阻抗 X_s，即

$$Z_s=\frac{U_1}{I_{1s}},r_s=\frac{P_{1s}}{m_1 I_{1s}^2},X_s=\sqrt{Z_s^2-r_s^2}$$

式中，$r_s=r_1+r'_2$，$r'_2=r_s-r_1$，$X_s=X_1+X'_2$.

对大中型电机，$X_1\approx X'_2\approx\frac{X_s}{2}$.

对小型电机，$X'_2\approx 0.67X_s$(2、4、6 极)，$X'_2\approx 0.57X_s$(8、10 极).

§6-6 三相异步电动机转矩与转差率的关系

电磁转矩 T_{em} 与转差率 s 都是异步电机重要的物理量，它们两者之间的关系对分析电动机的运行很重要，也是我们后面要研究的转速 n 与电磁转矩 T_{em} 关系曲线（机械特性）的基础.

已知 $T_{em}=\frac{1}{\omega_0}m_1 I_2'^2\frac{r_2'}{s}$，由近似等效电路可得

$$I_2'=\frac{U_1}{\sqrt{\left(r_1+\frac{r_2'}{s}\right)^2+(X_1+X_2')^2}}$$

代入 T_{em} 公式，得

$$T_{em}=\frac{m_1}{\omega_0}\frac{U_1^2\frac{r_2'}{s}}{\left(r_1+\frac{r_2'}{s}\right)^2+(X_1+X_2')^2}$$

根据此式可以给出异步电机的 T_{em}-s 曲线，如图 6-13 所示.

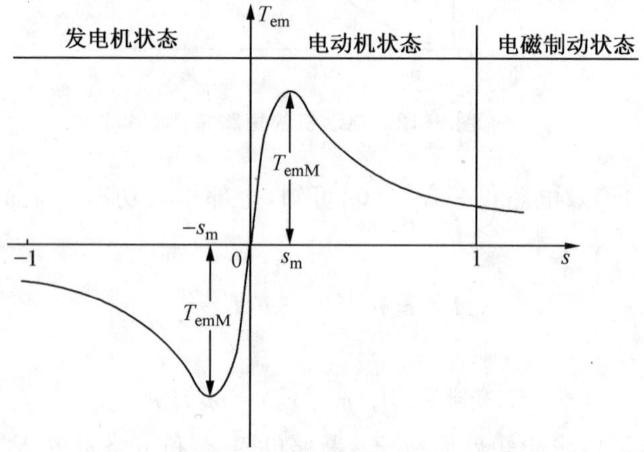

图 6-13 异步电机的 T_{em}-s 曲线

当 $s=s_m$ 时，转矩具有最大值 T_{emM}，s_m 和 T_{emM} 的公式可由求极值的方法求得，由 $\frac{dT_{em}}{ds}=0$，可得

$$s_m=\pm\frac{r_2'}{\sqrt{r_1^2+(X_1+X_2')^2}}$$

s_m 称为临界转差率.

将 s_m 代入 T_{em} 公式可得最大转矩为

$$T_{emM}=\pm\frac{m_1}{\omega_0}\frac{U_1^2}{2\left[\pm r_1+\sqrt{r_1^2+(X_1+X_2')^2}\right]}$$

式中,“+”对应于电动机状态,“−”对应于发电机状态.

由于 $r_1 \ll (X_1+X'_2)$,忽略 r_1 可得近似公式

$$s_m \approx \pm \frac{r'_2}{X_1+X'_2}$$

$$T_{emM} \approx \pm \frac{m_1 U_1^2}{2\omega_0 (X_1+X'_2)}$$

由此可得以下结论:

(1) 参数和频率不变时,T_{emM} 与 U^2 成正比,而 s_m 与 U_1 无关.

(2) 电压和频率不变时,s_m 与 T_{emM} 均近似地与 $X_1+X'_2$ 成反比.

(3) T_{emM} 与 r'_2 值无关,而 s_m 则与 r'_2 成反比.

§6-7 单相异步电动机

单相异步电动机是由单相电源供电运行的异步电动机,其结构简单、成本低廉,只需单相电源,广泛用于家用电器、电动工具、医疗器械等,功率从几瓦到几百瓦.

单相异步电机的转子采用笼型.定子上有两相绕组,在空间互差电角度.一相为主绕组,另一相为辅助绕组,又称启动绕组.一相绕组单独通入交流电流时,产生的磁通势为脉振磁通势.两相绕组通入相位不同的交流电流时,在电机中产生的磁通势一般为椭圆形旋转磁通势.

一、单相异步电动机的工作原理

1. 工作绕组单独通电时的情况

由试验可知:电动机不转时,工作绕组单独通电,电动机不能自行启动.但若用外力拖动电动机向正向或反向旋转,电动机转速会被加速到接近 n_0,转动而不致停止.其原理如下:工作绕组通电时产生的脉振磁通势可分解为两个幅值相同、转速相等、转向相反的磁通势,一个为正转磁通势,一个为反向磁通势,分别产生正转和反转的旋转磁场.正转旋转磁场作用于转子,产生正转的电磁转矩 T_{em+},对应的转差率为

$$s_+ = \frac{n_0 - n}{n_0}$$

T_{em+}-s_+ 曲线如图 6-14 中的曲线 1 所示.反转旋转磁场作用于转子,产生反转的电磁转矩 T_{em-},对应的转差率为

$$s_- = \frac{-n_0 - n}{-n_0} = \frac{n_0 + n}{n_0} = \frac{2n_0 - (n_0 - n)}{n_0} = 2 - s_+,$$

T_{em-}-s_- 曲线如图 6-14 中的曲线 2 所示.

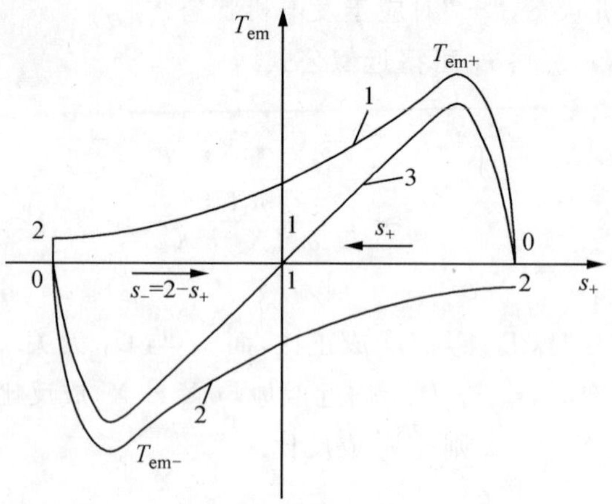

图 6-14 电磁转矩

合成电磁转矩 $T_{em}=T_{em+}+T_{em-}$ 与 s 的关系曲线如图 6-14 中的曲线 3 所示. 可见 (1) 当 $s_+=s_-=1$ 时, 无启动转矩;(2) 而在外力作用下, 使 s_+ 或 s_- 不为 1 时, 合成转矩不等于零, 如大于此时的阻转矩, 就能加速至接近同步转速运行.

2. 两相绕组通电时的机械特性

如果两相对称绕组通入两相对称电流, 产生的基波合成磁通势亦为圆形旋转磁通势, 如果以上两个条件不完全满足, 则产生的基波合成磁通势一般为椭圆形旋转磁场. 一个椭圆形的旋转磁通势可以分解为两个幅值不等、转向相反、转速相同的旋转磁通势. 设正转磁通势的幅值 F_+ 大于反转磁通势的幅值 F_-, 则 T_{em+}-s 曲线和 T_{em-}-s 曲线分别如图 6-14 中的曲线 1 和曲线 2 所示. 由合成曲线 3 可见, 当 $s=1$ 时, 启动转矩大于 0, 能自行启动, 正向运行. 如果 $F_+<F_-$, 则反向启动运行. 启动后的单相异步电动机可以将启动绕组断开, 也可以不断开. 若需要断开, 可在启动绕组中串联一个离心开关, 当转速上升到同步转速的 75%~80%时自动断开.

二、单相异步电机的主要类型和启动方法

1. 电阻分相式

启动绕组的导线较细, 匝数较少; 工作绕组的导线较粗, 匝数较多. 所以启动绕组与工作绕组相比, 电阻大而电抗小, 电流超前一个电角度, 从而产生椭圆形旋转磁通势, 使电动机能自行启动. 由于两个绕组的电路都是感性的, 两者电流的相位差不大, 所以启动转矩不大, 只能用于空载和轻载启动的场合.

2. 电容分相式

启动绕组串联一个大小合适的电容, 使电流超前工作绕组电流近 90°, 因而产生椭圆度较小的旋转磁场, 从而获得较大的启动转矩和较小的启动电流.

电容分相式单相异步电动机又分为电容启动电动机、电容运转电动机和电容启动运转电动机, 各有其特点和适用场合.

欲改变分相式电动机的转向，只要将启动绕组或工作绕组的端头对调即可.

3. 罩极式电动机

罩极式单相异步电动机的结构示意图如图 6-15 所示，在定子磁极极面约$\frac{1}{3}$处开有小槽，嵌有一个闭合铜环，称为短路环，把磁极的小部分罩在环中.

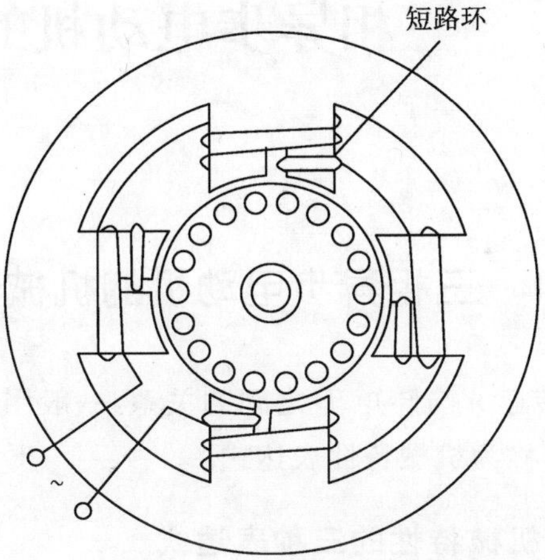

图 6-15　罩极式异步电动机的结构示意图

罩极式异步电动机的磁通相量图如图 6-16 所示. 当定子磁极绕组通过交流电流时，产生脉振磁通，其中大部分为穿过未罩部分的磁通$\dot{\Phi}_0$，另有一部分磁通$\dot{\Phi}'$欲穿过被罩部分，在短路环中感应电动势$\dot{E}_S$，产生电流$\dot{I}_S$和磁通$\dot{\Phi}_s$，使实际通过被罩部分的磁通$\dot{\Phi}''=\dot{\Phi}'+\dot{\Phi}_s$. 由此可见，穿过未罩部分的磁通$\dot{\Phi}_0$和穿过被罩部分的磁通$\dot{\Phi}''$在空间上处于不同位置，在时间上又有相位差，其合成磁场为一"扫动磁场"，扫动的方向总是从磁极的未罩部分转向被罩部分. 由于"扫动磁场"实质上是一种椭圆度很大的旋转磁场，能自行启动，但启动转矩很小，只能用于功率较小、空载或轻载启动的场合.

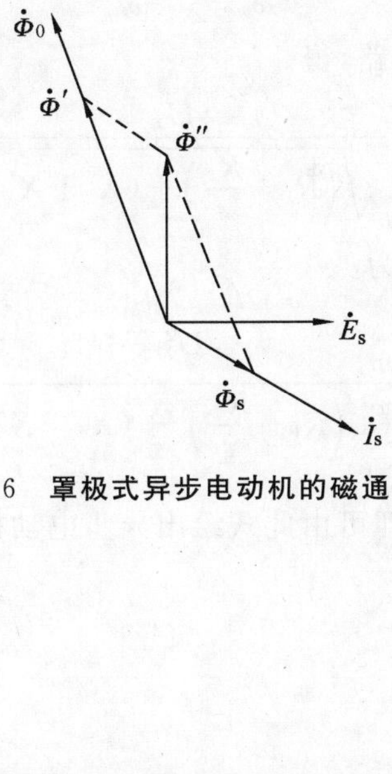

图 6-16　罩极式异步电动机的磁通相量图

第七章 三相异步电动机的电力拖动

§7-1 三相异步电动机的机械特性

机械特性是指电动机转速 n 与转矩 T 之间的关系，一般用曲线表示. 欲求机械特性，先求 T 与 n 的数学关系式，称为机械特性表达式.

一、三相异步电动机机械特性的三种表达式

1. 物理表达式

$$T=C_{TJ}\Phi_m I'_2\cos\varphi_2$$

式中，Φ_m 为每极磁通（v_1 不变时近似为常数）；C_{TJ} 为转矩系数（常数）.

此式清楚表明了 T 和 I'_2、$\cos\varphi_2$ 之间的关系，虽然 I'_2、$\cos\varphi_2$ 与 n 密切相关，但不能清楚地反映 T 与 n 间的关系.

2. 参数表达式

电磁转矩

$$T=\frac{p_{em}}{\omega_0}=\frac{m_1 I'^2_2\frac{R'_2}{s}}{\omega_0}$$

由异步电动机的近似等效电路，得

$$I'_2=\frac{U_X}{\sqrt{\left(R_1+\frac{R'_2}{s}\right)+(X_1+X'_2)^2}}$$

代入 T 的公式，即得参数表达式为

$$T=\frac{m_1}{\omega_0}\frac{U_X^2\frac{R'_2}{s}}{\left(R_1+\frac{R'_2}{s}\right)^2+(X_1+X'_2)^2}$$

考虑到 $n=(1-s)n_0$，$\omega_0=\frac{2\pi n_0}{60}$，即可由此式绘出异步电动机的机械特性曲线 $n=f(T)$，如图 7-1 所示.

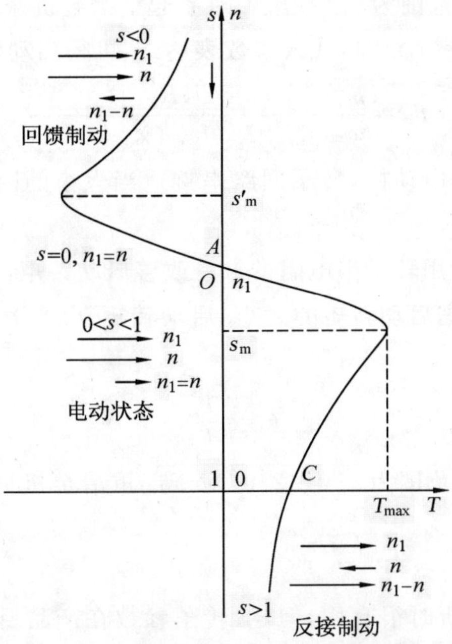

图 7-1　异步电动机的机械特性曲线

机械特性的参数表达式为二次方程，电磁转矩必有最大值，称为最大转矩 T_m.

将表达式对 s 求导，并令 $\frac{dT}{ds}=0$，可求出产生最大转矩 T_m 时的转差率 s_m，即

$$s_m=\pm\frac{R'_2}{\sqrt{R_1^2+(X_1+X'_2)^2}}$$

S_m 称为临界转差率. 代入 T 的公式则可得 T_m 的公式为

$$T_m=\pm\frac{m_1}{\omega_0}\frac{U_X^2}{2\left[\pm R_1+\sqrt{R_1^2+(X_1+X'_2)^2}\right]}$$

式中，"＋"号对应于电动机状态，"－"号适用于发电机状态.

一般地，$R_1 \ll X_1+X'_2$，故可得近似公式为

$$s_m=\pm\frac{R'_2}{X_1+X'_2}$$

$$T_m=\pm\frac{m_1 U_X^2}{2\omega_0(X_1+X'_2)}$$

由此可知：

(1) 当电动机参数和电源频率不变时，$T_m \propto U_X^2$，而 s_m 与 U_X 无关.

(2) 当电源电压和频率不变时，s_m 和 T_m 与 $X_1+X'_2$ 近似成反比.

(3) 增大转子回路的电阻 R'_2，只能使 s_m 相应增大，而 T_m 保持不变.

最大转矩 T_m 与额定转矩 T_N 之比称为过载倍数，也称过载能力，用 k_T 表示，即

$$k_T=\frac{T_m}{T_N}$$

一般异步电动机 k_T 的取值范围为 1.8～3.0. 对于起重冶金机械用的电动机，k_T 可达 3.5.

异步电动机启动时，$n=0$，$s=1$，代入参数表达式，可得启动转矩的公式为

$$T_{st}=\frac{m_1}{\omega_0}\frac{U_X^2R'_2}{(R_1+R'_2)^2+(X_1+X'_2)^2}$$

由此式可知，对绕线式异步电动机，转子回路串接适当大小的附加电阻，能加大启动转矩 T_{st}，从而改善启动性能.

对于笼型电动机，不能用转子串电阻的方法改善启动转矩，在设计电动机时就要根据不同负载的启动要求来考虑启动转矩的大小. 启动转矩 T_{st} 与额定转矩 T_N 之比称为启动转矩倍数 k_{st}，即

$$k_{st}=\frac{T_{st}}{T_N}$$

一般电动机 k_{st} 的取值范围为 1.0～2.0，对于起重冶金机械用的电动机，k_{st} 为 2.8～4.0.

3. 实用表达式

参数表达式在理论分析时很有用，但定、转子参数在产品目录中找不到，使用起来不方便. 为此，还需导出便于用户使用的实用表达式.

将 T 的公式与 T_m 的公式相除，并加以整理和化简，可得

$$T=\frac{2T_m\left(1+s_m\dfrac{R_1}{R'_2}\right)}{\dfrac{s}{s_m}+\dfrac{s_m}{s}+2s_m\dfrac{R_1}{R'_2}}$$

如果忽略 R_1，可得

$$T=\frac{2T_m}{\dfrac{s}{s_m}+\dfrac{s_m}{s}}$$

上式中的 T_m 及 s_m 可由电动机产品目录查得的数据求得，故称实用表达式. 只要求得 T_m 和 s_m，就可得到 T 与 $s(n)$ 的关系曲线. T_m 与 s_m 的求法如下：

$$T_m=k_TT_N,\quad T_N=9550\frac{P_N}{n_N}$$

$$s_m=s_N(k_T+\sqrt{k_T^2-1}),\quad s_N=\frac{n_0-n_N}{n_0}$$

机械特性的三种表达式的应用场合各有不同. 物理表达式适用于定性分析 T 与 Φ_m 及 $I'_2\cos\varphi_2$ 之间的物理关系；参数表达式适用于分析各参数变化对电动机运行性能的影响；实用表达式适用于机械特性的工程计算.

二、三相异步电动机的固有机械特性和人为机械特性

1. 固有机械特性

在额定电压和额定频率下，电动机按规定的接线，定子及转子电路不外接任何阻抗或电器之件的条件下的机械特性称为固有机械特性.

为描述固有机械特性，下面着重分析几个特殊运行点：

(1) 启动点 A.

特点是 $n=0(s=1)$，$T=T_{st}$.

(2) 额定工作点.

特点是 $n=n_N(s=s_N)$，$T=T_N$.

(3) 同步转速点 H.

特点是 $n=ns(s=0)$，$T=0$，$I_1=I_0$. 该点是电动机状态与回馈制动状态的转折点.

(4) 最大转矩点.

电动状态最大转矩点 M：$T=T_m$、$s=s_m$.

回馈制动状态最大转矩点：$T=T'_m$、$s=s'_m$（均为负值），计算不忽略 R_1 时，$|s'_m|=|s_m|$、$|T'_m|>|T_m|$，计算时忽略 R_1，则 $|s'_m|=|s_m|$、$|T'_m|=|T_m|$.

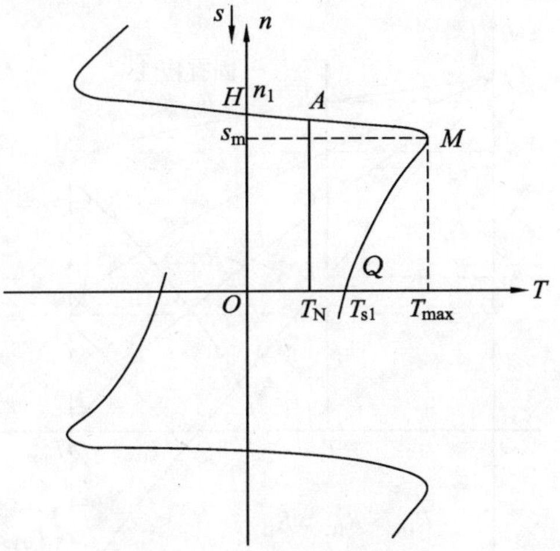

图 7-2　固有机械特性

2. 人为机械特性

固有机械特性的条件中有一条不满足时，得到的机械特性就是人为机械特性.

(1) 降低电压 U_X.

n_0不变，T_m与 T_{st}均与U_x^2 成正比，s_m与 U_X无关. 为此可得降低 U_X时的人为机械特性. 图 7-3 中绘出了 $U_X=U_N$、$0.8U_N$、$0.5U_N$时的人为机械特性.

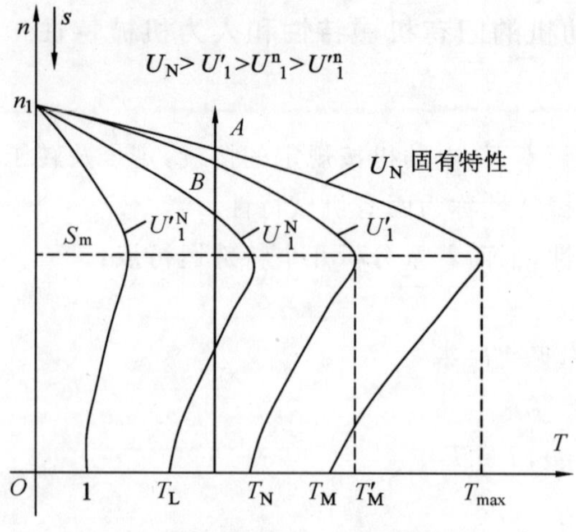

图 7-3　降低电压时的人为机械特性

如果负载转矩接近额定时，长期低压运行，会使电动机过热损坏.

(2) 转子回路串对称电阻.

n_0不变，T_m不变，s_m则随串接电阻 R_Ω 的增大而增大，T_{st}也随之增大. 当 R_Ω 增至 $R'_2 + R'_\Omega \approx X_1 + X'_2$时，$s_m = 1$，$T_{st} = T_m$. 若 R_Ω 继续增大，则 T_{st}反而开始减小，如图 7-4 所示.

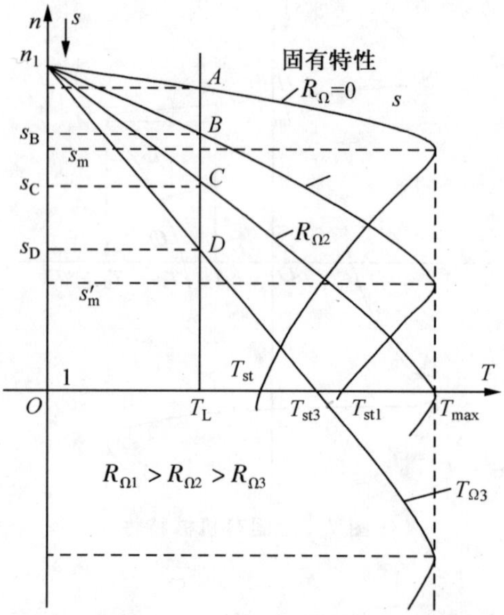

图 7-4　转子回路串对称电阻时的人为机械特性

§7-2 三相异步电动机的启动

一、三相笼型异步电动机的启动方法

1. 直接启动

方法:通过把三相闸刀或磁力启动器直接接通额定电压的电路.

性能:$T_{st}=(1.0\sim2.0)T_{Nj}$或$(2.8\sim4.0)T_{N0}$,$I_{st}=(4\sim7)I_N$.

特点:设备简单,操作方便,T_{st}较大,I_{st}很大.

适用场合:适用于相对电源变压器容量较小的电动机,一般 7.5kW 以下的电动机可以直接启动,7.5kW 以上电源容量满足下述条件的也可以直接启动,公式为

$$k_{st}=\frac{I_{st}}{I_N}\leqslant\frac{1}{4}\left[3+\frac{\text{供电变压器总容量(kV·A)}}{\text{电动机容量(kW)}}\right]$$

不能满足上述条件或启动频繁的电动机,应采用降压启动,将启动电流限制到允许的数值.

2. 降压起动

启动时,设法降低加到定子上的电压,待电机转速上升达一定值时,再加全电压.启动电流减小,启动转矩也随之减小.

(1) 定子串电阻或电抗降压启动.

方法:如图 7-5 和图 7-6 所示.

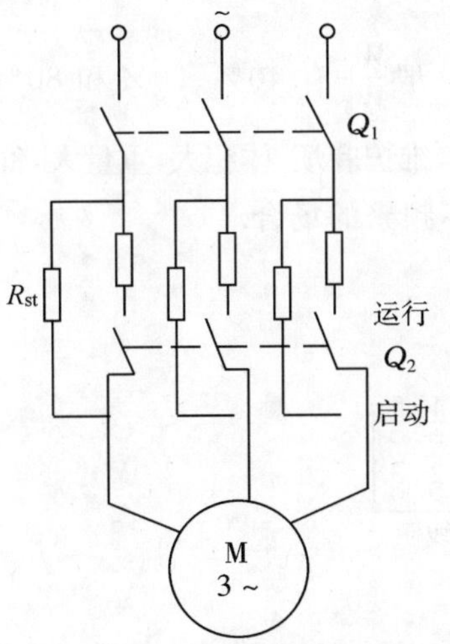

图 7-5 笼型异步电动机电阻减压启动原理图

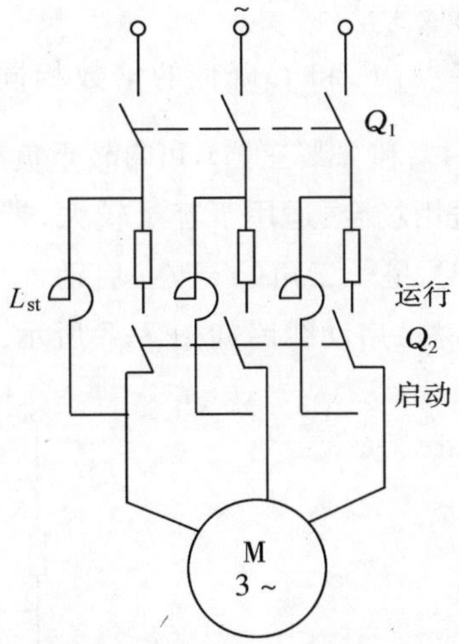

图 7-6 笼型异步电动机电抗减压启动原理图

性能:I_{st}与U_X成正比,T_{st}与U_X^2成正比减小.

特点:设备简单,运行可靠,串电抗时能量损耗小,串电阻时转子电路功率因数高,T_{st}比I_{st}减小得更多.

适用场合:适用于空载或轻载启动的电动机.

(2) 自耦补偿启动(自耦变压器降压启动).

方法:启动线路如图 7-7 所示.

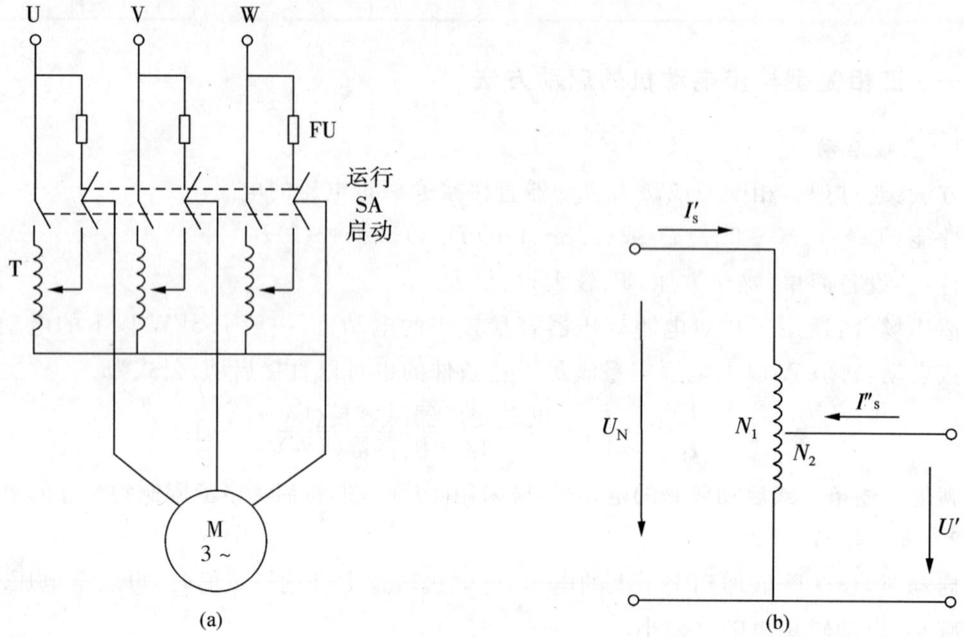

图 7-7 自耦补偿启动线路

性能:$I'_{st}=\left(\frac{W_2}{W_1}\right)^2 I_{st}$,$T'_{st}=\left(\frac{W_2}{W_1}\right)^2 T_{st}$.

特点:T_{st}和 I_{st}降低的倍数相同,T'_{st}和 I'_{st}可调(一般$\frac{W_2}{W_1}$有 40%、60%和 80%三挡或 55%、64%和 73%三挡),可带较重负载启动,但设备复杂,维护麻烦,体积大,重量大,价格高.

适用场合:适用于容量较大,带较重负载启动且不频繁的场合.

(3) 星—三角(Y-△)启动

方法:启动线路如图 7-8 所示.

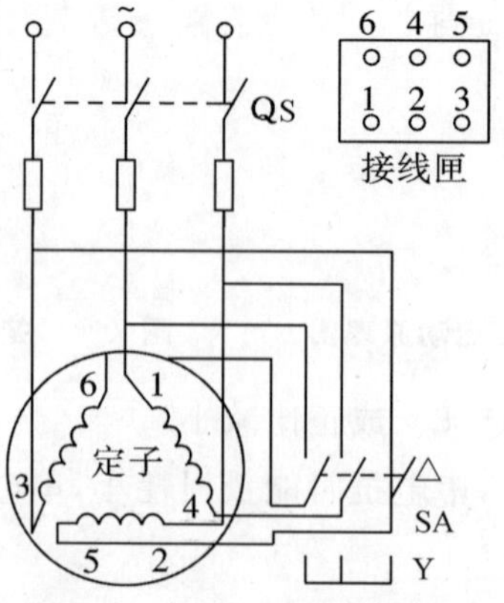

图 7-8 星—三角启动线路

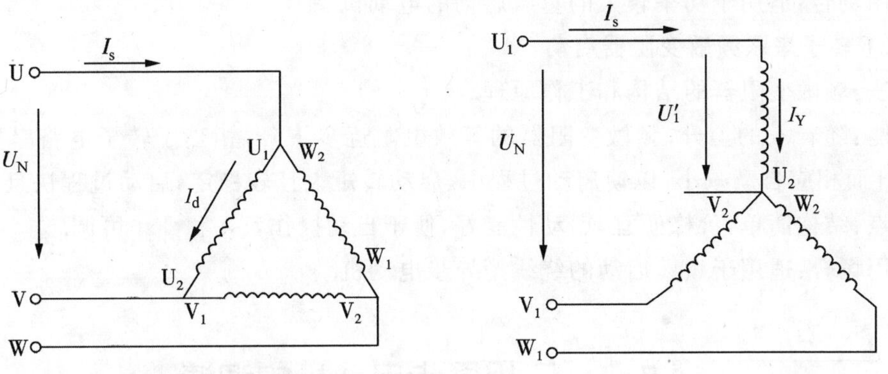

(a) 直接启动（△形接法）　　(b) Y-△启动（Y 形接法）

图 7-9　两种启动方法的接线图

性能：$I'_{st}=\frac{1}{3}I_{st}$，$T'_{st}=\frac{1}{3}T_{st}$.

特点：设备简单，体积小，重量轻，无损耗，运行可靠，维护简单，启动电流小，但启动转矩小，且只能用于正常运行时为△形接法的电动机.

适用场合：适用于空载启动且正常运行时为△形接法的电动机.带较重负载启动时取代自耦降压启动.

二、三相绕线型异步电动机的启动方法

（一）转子回路串电阻启动

方法：如图 7-10 所示.

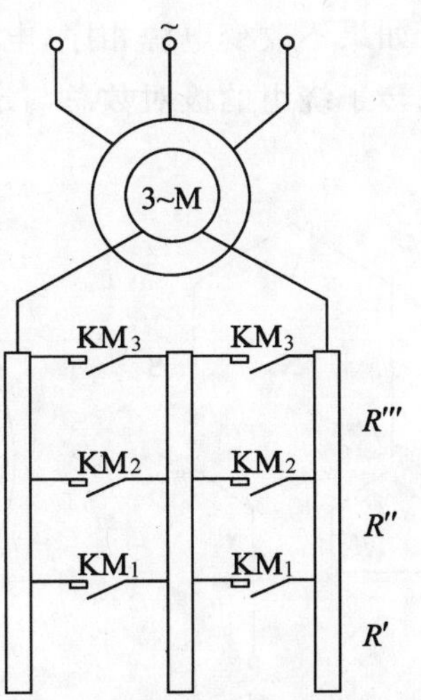

图 7-10　转子回路串电阻启动

性能：I_{st}减小且 T_{st}增大.

特点：电动机结构复杂，启动方法比较简单，启动电流 I_{st}小，启动转矩 T_{st}大.

适用场合:适用于功率较大的重载启动的电动机.

(二) 转子串联频敏变阻器启动

方法:频敏变阻器的结构和工作原理.

性能:随着 n 的上升,频敏变阻器的等效电阻逐步下降,相当于转子电路串接电阻随 n 的上升而相应自动减小,以使启动过程中,启动转矩大且较稳定,启动过程快且平稳.

特点:结构简单,价格便宜,启动性能好,便于自动操作,Ist 和 Tst 可调.

适用场合:适用于频繁启动的绕线型异步电动机.

§7-3 三相异步电动机的调速

由异步电动机的转速公式

$$n=n_0(1-s)=\frac{60f_1}{p}(1-s)$$

可见,三相异步电动机的调速方法有改变极对数 p(变极调速)、改变频率 f_1(变频调速)和改变 s(改变转差率调速)三种.

一、变极调速

方法:改变定子绕组的接法——将每相定子绕组分成两个"半相绕组",改变它们之间的接法,使其中一个"半相绕组"中的电流反向,极对数就成倍改变,如图 7-11、图 7-12 所示. 三相绕组同时改接,但要注意,极数成倍变化时,必须同时改变出线端的相序(如将 V、W 对调). 例如,极对数由 p 变为 $2p$ 时,V 相绕组与 U 相的相位差变为 240°,W 相与 U 相差 2×240°=480°,相当于 120°,如果不改变电源相序,电动机将反转. 另外,由于绕线式转子绕组不易改变极对数,而笼型转子绕组的极对数总与定子绕组的极对数相同,所以变频调速只能用于笼型异步电动机.

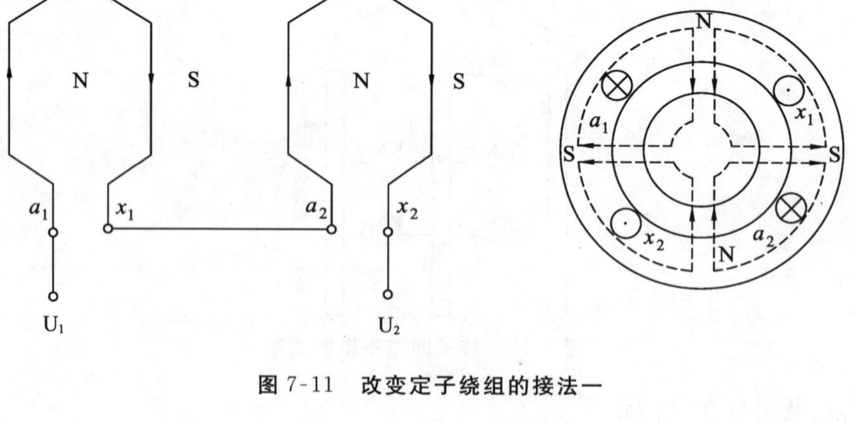

图 7-11 改变定子绕组的接法一

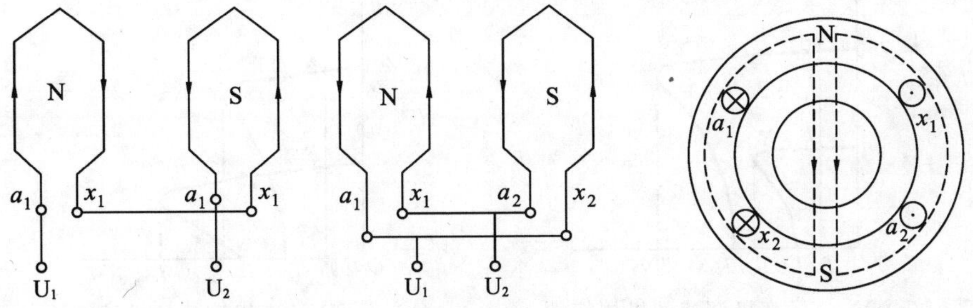

图 7-12　改变电子绕组的接法二

三相异步电动机变极调速的典型线路有 Y－YY 和△－YY 两种.

Y－YY 变极调速绕组改接方法如图 7-13(a)所示,机械特性如图 7-15(a)所示.△－YY 变极调速接线方法如图 7-14 所示,机械特性如图 7-15(b)所示.

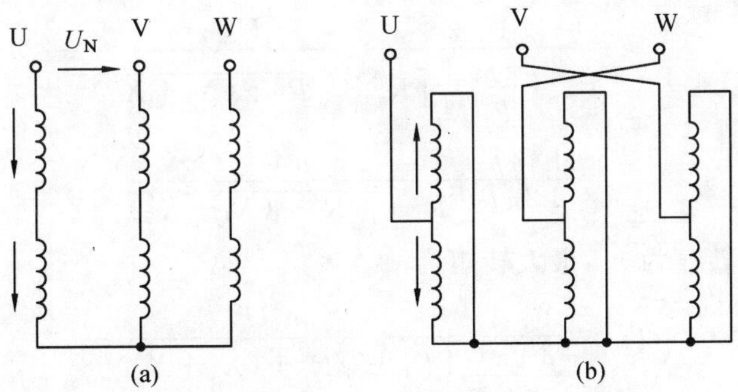

图 7-13　异步电动机 Y－YY 变极调速接线方法

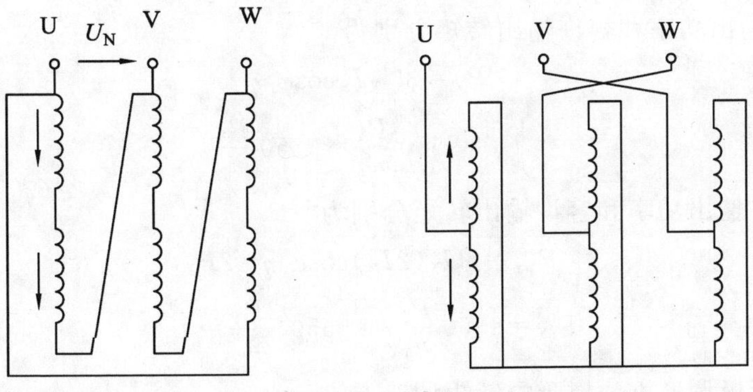

图 7-14　异步电动机△－YY 变极调速接线

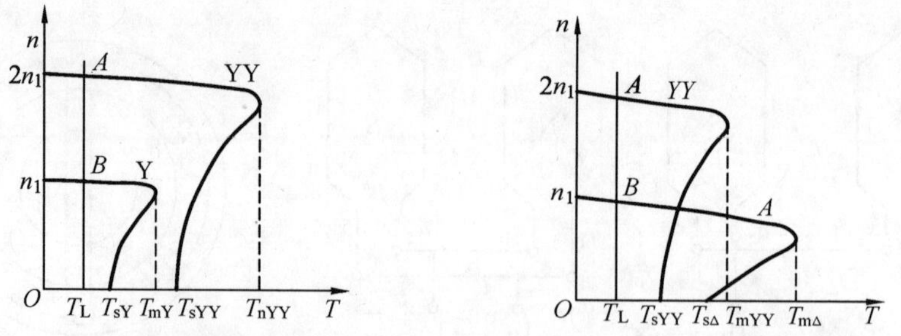

(a) Y－YY 变极调速的机械特性　　(b) △－YY 变极调速的机械特性

图 7-15　异步电动机变极调速的机械特性

YY 接时理想空载转速(同步转速)为 $2n_0$，最大转矩为

$$T_{\mathrm{mYY}}=\frac{1}{2}\frac{m_1}{\omega_0}\frac{U_{\mathrm{X}}^2}{\left[\frac{R_1}{4}+\sqrt{\left(\frac{R_1}{4}\right)^2+\left(\frac{X_1+X_2'}{4}\right)^2}\right]}$$

$$=\frac{1}{2}\frac{1}{\frac{2\pi f_1}{p}}\frac{m_1U_{\mathrm{X}}^2}{\frac{1}{4}\left[R_1+\sqrt{R_1^2+(X_1+X_2')^2}\right]}$$

$$=\frac{1}{2}\frac{4p}{2\pi f_1}\frac{m_1U_{\mathrm{X}}^2}{\left[R_1+\sqrt{R_1^2+(X_1+X_2')^2}\right]}$$

Y 接时的同步转速为 n_0，最大转矩为

$$T_{\mathrm{mY}}=\frac{1}{2}\frac{1}{\frac{2\pi f_1}{2p}}\frac{m_1U_{\mathrm{X}}^2}{\left[R_1+\sqrt{R_1^2+(X_1+X_2')^2}\right]}$$

可见

$$T_{\mathrm{mYY}}=2T_{\mathrm{mY}}$$

Y 接容许输出功率和容许输出转矩分别为

$$P_{\mathrm{Y}}=3U_{\mathrm{X}}I_{\mathrm{N}}\cos\varphi_1\eta$$

$$T_{\mathrm{Y}}=9550\frac{P_{\mathrm{Y}}}{n_{\mathrm{Y}}}\approx 9550\frac{P_{\mathrm{Y}}}{n_0}$$

YY 接容许输出功率和容许输出转矩分别为

$$P_{\mathrm{YY}}=3U_{\mathrm{X}}(2I_{\mathrm{N}})\cos\varphi_1\eta=2P_{\mathrm{Y}}$$

$$T_{\mathrm{YY}}=9550\frac{P_{\mathrm{YY}}}{n_{\mathrm{YY}}}=9550\frac{2P_{\mathrm{Y}}}{2n_0}=T_{\mathrm{Y}}$$

可见 Y－YY 变极调速方法属于恒转矩调速方式.

△－YY 变极调速绕组改接方法如图 7-14(b)所示.

△接时的最大转矩为

$$T_{\mathrm{m\Delta}}=\frac{1}{2}\frac{2p}{2\pi f_1}\frac{m_1(\sqrt{3}U_{\mathrm{X}})^2}{\left[R_1+\sqrt{R_1^2+(X_1+X_2')^2}\right]}=3T_{\mathrm{mY}}=\frac{3}{2}T_{\mathrm{mYY}}$$

故△－YY 变极调速的机械特性如图 7-15(b)所示.

△接时的容许输出功率为

$$P_{\triangle}=3(\sqrt{3}U_{X})I_{N}\cos\varphi_{1}\eta=\sqrt{3}P_{Y}=\frac{\sqrt{3}}{2}P_{YY}=0.866P_{YY}\approx P_{YY}$$

可见△－YY 变极调速方法近似为恒功率调速方法.

变极调速的优缺点及适用场合：优点是设备简单，运行可靠，既适用于恒转矩调速(Y/YY)，也适用于近似恒功率调速(△/YY)；缺点是转速只能成倍变化，为有极调速. Y/YY变极调速应用于起重电葫芦、运输传送带等；△/YY 变极调速应用于各种机床的粗加工和精加工.

二、变频调速

改变 f_1，即改变 n_0，从而调节 n.

变频调速时，一般希望磁通 Φ 保持不变，因为 $\Phi>\Phi_N$ 或 $\Phi<\Phi_N$ 都不利. 根据

$$U_X\approx E_X=4.44f_1W_1k_{w1}\Phi$$

为使 Φ 保持不变，就要保持$\frac{U_X}{f_1}$为定值，即改变 f_1 的同时按比例改变 U_X，这时电动机容许输出的转矩不变，为恒转矩调速方式. 一般从额定频率往下调时，采取这种调速方式. 但从额定频率往上调时，电压不容许按比例上升而只能保持额定电压，此时，f_1 越高，Φ 越弱，容许输出的转矩越小，而输出转速越高，为恒功率调速方式.

几种变频调速的机械特性如图 7-16 所示.

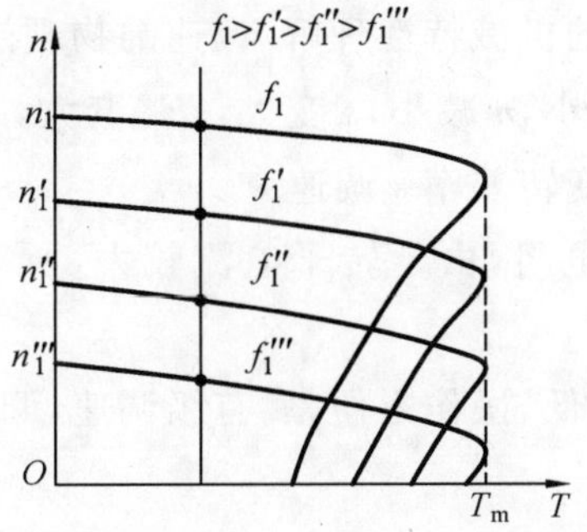

(a) 保持$\frac{E_1}{f_1}$为常数时变频调速的机械特性

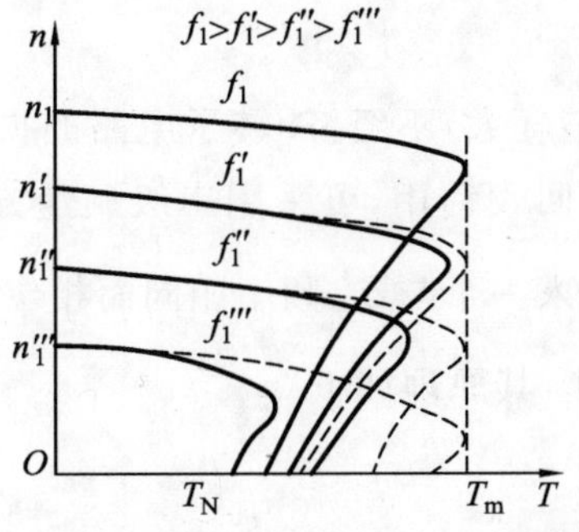

(b) 保持$\frac{U_1}{f_1}$为常数时变频调速的机械特性

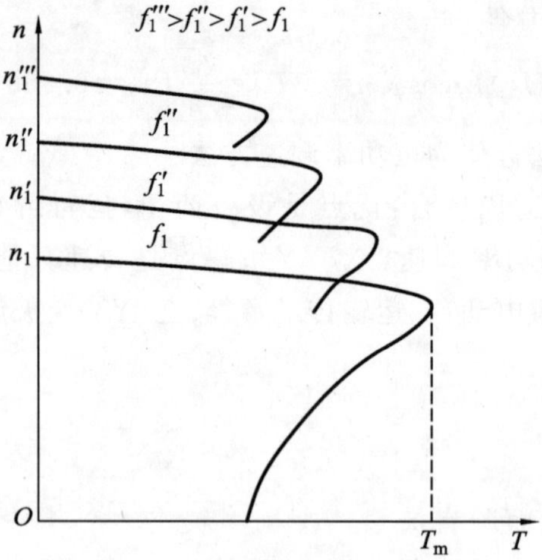

(c) 保持 U_N 不变，升频调速的机械特性

图 7-16　变频调速的机械特性

变频电源采用电力电子器件变频装置.

变频调速的调速性能最好，只是目前装置价格较高，随着电子技术的不断发展，变频调速的应用将越来越广.

三、转子回路电阻调速

原理：可由转子串电阻时的机械特性理解. 调速的物理过程如下：串接 R_Ω 或 R_Ω 变大时，R_2+R_Ω 变大，I_2'减小，T 减小，n 减小，s 变大，sE_2 变大，I_2'回升，当 T 回升至 T_Z时，电动机恢复稳定运行. 这属于改变转差率 s 调速.

方法：转子回路串接对称电阻，由于转子电流较大，所以电阻级数少，调节所串电阻 R_Ω，即可调节转速.

优缺点：设备简单，初投资低，操作方便，属有级调速，调速范围受允许静差率限制，只能达到 2～3，损耗大，效率低.

适用场合：一般用于功率不大的恒转矩负载，如起重机械，也可用于通风机负载.

四、串级调速

转子回路电阻调速，能量消耗大，不经济. 转子电路的损耗为 sP_{em}，称为转差功率. 为使调速时转差功率大部分能被回收利用，可采用串级调速方法. 所谓串级调速，就是在绕线型异步电动机转子电路中串入一个与$\dot{E}_{2s}$频率相同而相位相同或相反的附加电动势$\dot{E}_f$，通过改变$\dot{E}_f$ 的大小来实现调速，其原理如下：

当 $E_f=0$ 时，转子电流为

$$I_2=\frac{sE_2}{\sqrt{R_2^2+(sX_2)^2}}$$

当$\dot{E}_f$与$s\dot{E}_2$相位相反时，转子电流为

$$I_2=\frac{sE_1-E_f}{\sqrt{R_2^2+(sX_2)^2}}$$

转子电流 I_2 减小，电磁转矩 $T=C_{TJ}\Phi I'_2\cos\varphi$ 减小，$T<T_Z$，n 减小，s 变大，sE_2 变大，I_2 变大，T 回升至 T_Z稳定运行，称为低同步串级调速.

当$\dot{E}_f$与$s\dot{E}_2$相位相同时，用同样的分析方法可知转速可以上调，称为超同步串级调速. 由于实现起来比较困难，一般只采用低同步串级调速.

串级调速的效率高，平滑性好，设备比变频调速简单，特别是调速范围较小时更为经济，缺点是功率因数较低.

由于电力电子技术的发展，近代大都采用晶闸管串级调速系统，其原理线路图如图 7-17 所示，机械特性如图 7-18 所示.

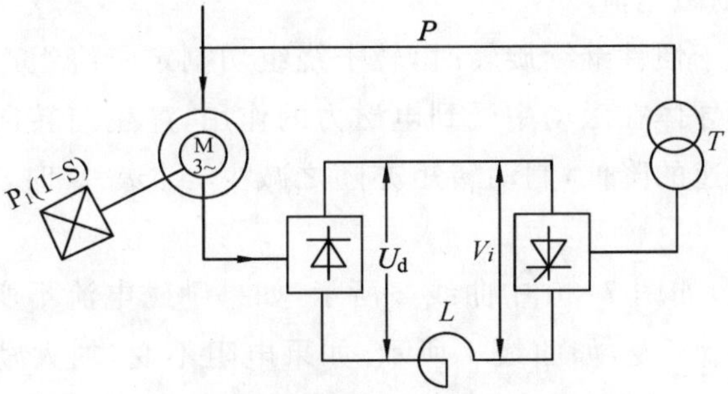

图 7-17 晶闸管串级调整的原理线路图

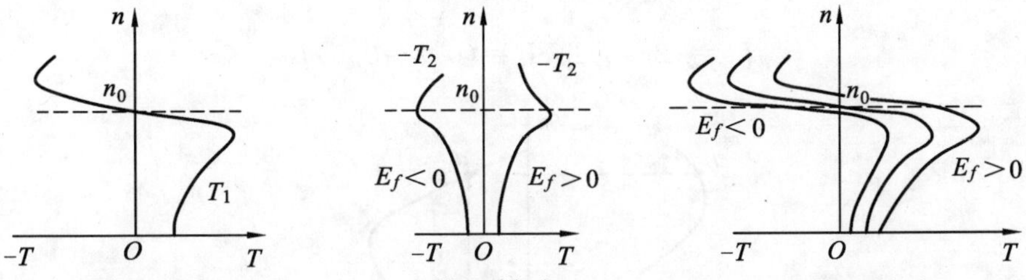

图 7-18 串级调速时异步电动机的机械特性

§ 7-4 三相异步电动机的制动

三相异步电动机通常工作在电动机运转状态，把电能转换为机械能，转速 n 与转矩 T 同向，机械特性位于第一或第三象限. 但也可工作于制动状态，这时 n 与 T 的方向相反，把机械能变成电能消耗掉或返回电网. 和直流电动机一样，异步电动机的制动亦分三类.

一、能耗制动

方法：如图 7-19(a)所示，将 QS 断开，SA 接通，亦即让电动机从三相电源断开，定子

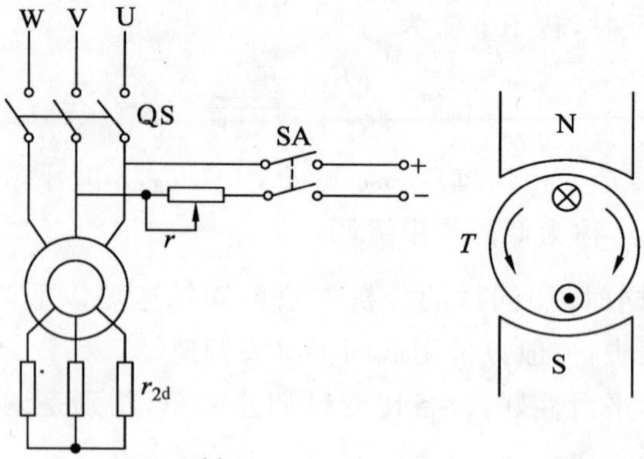

(a)　　　　　　(b)

图 7-19　能耗制动的电路

绕组通入一定大小的励磁电流.

工作原理:转子由于惯性继续旋转时,转子绕组切割定子绕组产生恒定磁场、感应电动势和电流,转子载流导体在磁场中受到电磁力的作用,产生与转向相反的转矩,电动机进入制动状态.随着转速的降低,制动转矩亦随之减少,到 $n=0$ 时,$T=0$,故可用于准确停车.

机械特性:过 0 点,如图 7-20 中曲线 2 所示,如果励磁电流不变,加大转矩电路所串电阻,特性斜率增大,T_m不变,如曲线 1 所示.如果电阻不变,加大励磁电流,则曲线如曲线 2 所示,T_m增大,由机械特性曲线可以看出能耗制动用于快速停车的过程.这时一般取励磁电流为

$$I_{-}=(2\sim3)I_0,I_0=(0.2\sim0.5)I_N$$

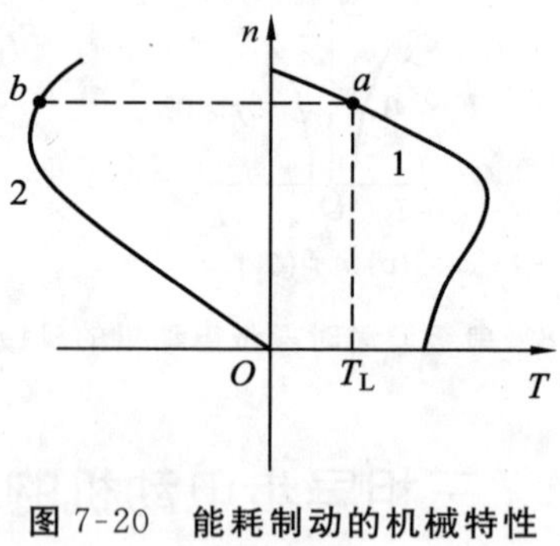

图 7-20　能耗制动的机械特性

转子回路串接的电阻

$$R_\Omega=(0.2\sim0.4)\frac{E_{2N}}{\sqrt{3}I_{2N}}-R_2,R_2=\frac{s_N E_{2N}}{\sqrt{3}I_{2N}}$$

为此可保证快速停车时最大制动转矩为$(1.25\sim2.2)T_N$.

异步电动机带位能性负载时,可用于低速下放重物,此时的机械特性在第四象限.转子电路串接的电阻越大,下放速度越快;定子电流 I_{-} 越大,下放速度越慢.

二、反接制动

实现反接制动的方法有两种:转速反向的反接制动和定子两相反接的反接制动.

1. 转速反向的反接制动

如图 7-21 所示,绕线型异步电动机带位能性负载时,若要下放重物,可在转子回路中串接较大电阻,使电动机的 $T_{st} < T_Z$,电动机将由重物产生的转矩拖动反向启动,随着下放速度的提高,电动机的转矩逐渐增大.可由图 7-22 的机械特性看出,当工作点到达 b 点时,稳速下放重物.转子回路的电阻 R_f 越大,下放速度越快.

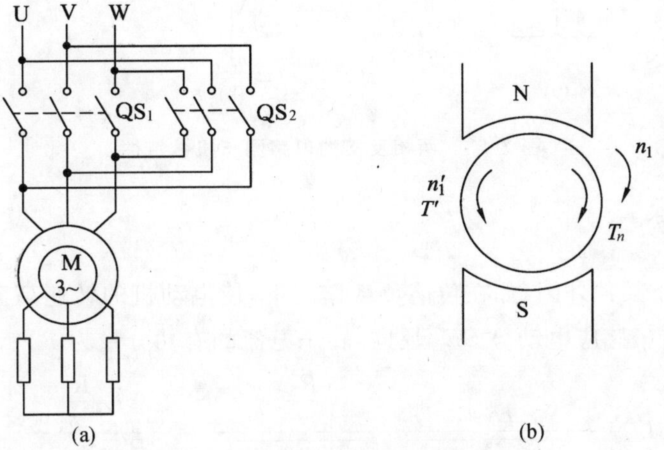

图 7-21　转速反向的反接制动电路图

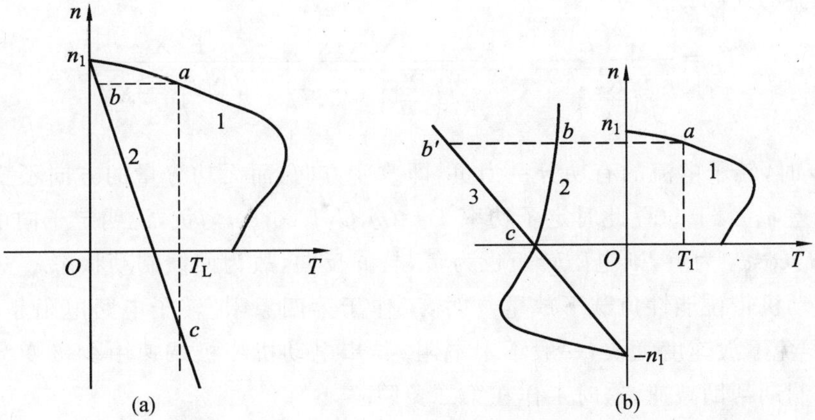

图 7-22　转速反向的反接制动的机械特性

2. 两相反接的反接制动

设制动前电动机运行于电动机运行状态,工作在图 7-23 中的 A.若定子两相反接,工作点移至新的特性上的 B 点,转矩为负,进入制动状态,快速减速,转速降至零之前,及时断开电源,否则可能出现反转现象.调节制动电阻 R_f 的大小,可以调节快速停车的速度.

R_f较小，调大制动转矩，制动较快.

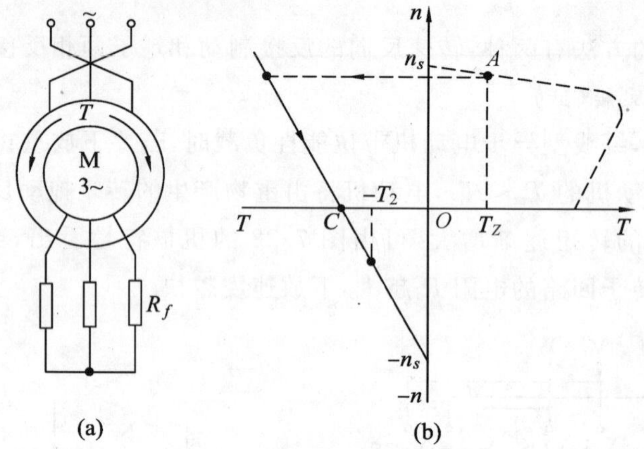

图 7-23　两相反接的电路图与机械特性

三、回馈制动

当电动机由于某种外因，如在位能负载作用下，使电动机的转速高于同步转速 n_0，即 $n>n_0$ 时，$s<0$，转子感应电动势 SE_2 反向，转子电流的有功分量为 $I'_{2a}=I'_2\cos\varphi_2$，即

$$I'_{2a}=\frac{E'_2}{\sqrt{\left(\frac{R'_2}{s}\right)^2+X'^2_2}}\frac{\frac{R'_2}{s}}{\sqrt{\left(\frac{R'_2}{s}\right)^2+X'^2_2}}=\frac{E'_2\frac{R'_2}{s}}{\left(\frac{R'_2}{s}\right)^2+X'^2_2}$$

转子电流的无功分量为

$$I'_{2r}=\frac{E'_2}{\sqrt{\left(\frac{R'_2}{s}\right)^2+X'^2_2}}\frac{X'_2}{\sqrt{\left(\frac{R'_2}{s}\right)^2+X'^2_2}}=\frac{E'_2X'_2}{\left(\frac{R'_2}{s}\right)^2+X'^2_2}$$

可见当 $s<0$ 时，转子电流的有功分量为负，即改变方向，而无功分量的方向不变. $\dot{U}_1$ 与 $\dot{I}_1$ 之间的相位差 φ_1 大于 90°. 此时定子功率 $P_1=m_1U_1I_1\cos\varphi_1$ 为负，说明定子向电网回馈电能. 又由于 $I'_2\cos\varphi_2$ 为负，则电磁转矩也为负，与 n 反向，故为回馈制动状态.

异步电动机带位能性负载下放重物时，工作于第四象限. 转子电路电阻越大，下放速度越快. 为避免下放速度太快，一般不串电阻. 异步电动机变极调速由少极变为多极时亦会出现回馈制动帮助减速，这时工作在第二象限.

第八章

电力拖动系统电动机的选择

电动机的选择包括选择电动机的种类、型式、额定电压、额定转速和额定功率，其中以额定功率的选择较为复杂. 确定电动机的额定功率要考虑三个方面，即电动机的发热、过载能力与启动能力，其中尤以发热问题最为重要.

电动机运行时的损耗，转变为热能，使电动机各部分温度升高. 电动机所允许的温度主要取决于电动机所用绝缘材料的耐热等级. 根据耐热程度的不同，电动机常用绝缘材料分为以下五个等级：

A	E	B	F	H
105℃	120℃	130℃	155℃	180℃

电动机的额定功率是指环境温度为标准值（40℃）时，电动机带额定负载长期连续工作，其稳定工作温度接近或等于绝缘材料允许的最高温度时的电动机功率.

研究电动机发热时，常用“温升”这一概念. 所谓“温升”是电动机温度与周围环境温度之差.

校验电动机的过载能力可按下式进行：

$$T_{\max} \leqslant k_T T_N$$

式中，$T_{\max}$为电动机工作中可能出现的最大负载转矩.

如果过载校验不能通过，则另选过载能力较大的电动机或功率较大的电动机，以满足过载条件的要求.

对于笼型异步电动机，还应校验其能力，使满足

$$k_{st} T_N \geqslant 1.1 T_Z$$

若不满足，则应另选 T_{st}较大或功率较大的电动机.

§8-1　电动机的发热和冷却及电动机工作制的分类

一、电动机的发热过程

电动机运行时的发热情况较为复杂，为方便起见，假定电机为一均质等温固体，即假

定电动机是一个表面均匀散热，内部没有温差的理想发热体.

设电动机在恒定负载下长期连续工作，单位时间内由电动机损耗所产生的热量为 Φ，则在 dt 时间内产生的热量为 Φdt，其中一部分为电机所吸收（使电机温度升高），另一部分散发于周围介质中，为此可得热平衡方程为

$$\Phi dt = C d\tau + \tau A dt$$

式中，C 为电动机的热容量，即使电动机温度升高 1℃ 所需的热量；$d\tau$ 为电动机在 dt 内温度升高的数值；A 为电动机的散热系数，是电机与周围环境温度相差 1℃ 时，单位时间向周围介质散发的热量.

上式两边同时除以 Adt，则得微分方程

$$\tau + \frac{C}{A}\frac{d\tau}{dt} = \frac{\Phi}{A}$$

令 $\frac{C}{A} = T$，$\frac{\Phi}{A} = \tau_W$，则上式变为

$$\tau + T\frac{d\tau}{dt} = \tau_W$$

解此微分方程，则可得温升曲线方程式

$$\tau = \tau_W(1 - e^{-\frac{t}{T}}) + \tau_Q e^{-\frac{t}{T}}$$

式中，τ_Q 为发热过程的起始温升.

若启动时电机处于冷态，$\tau_Q = 0$，则上式变为

$$\tau = \tau_W(1 - e^{-\frac{t}{T}})$$

由上面两式可以作出两条 $\tau = f(t)$ 曲线，如图 8-1 所示. 可见，温升是按指数规律上升的，最终趋于稳定温升 τ_W，这时电动机的发热量等于散热量.

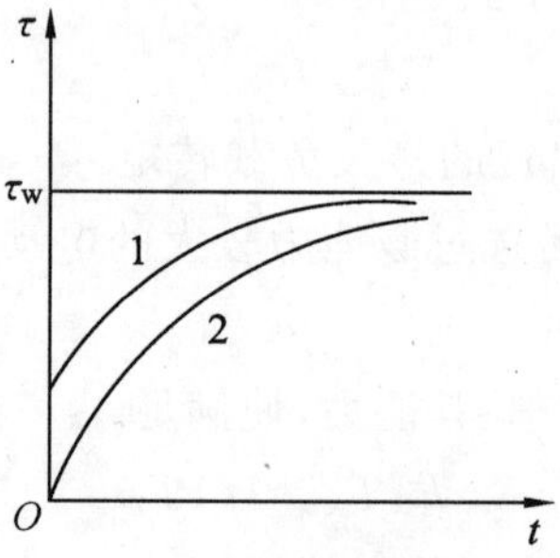

图 8-1　发热过程的温升曲线

方程式中 T 称为发热时间常数，因为 $T = \frac{C}{A}$，所以电动机的体积越大，C 越大，T 就越大；同时，散热系数 A 越大，则 T 越小.

$\tau_W = \frac{\Phi}{A}$ 为稳定温升，与发热量，即与损耗，亦即与负载大小有关. 负载越重，τ_W 就越高；同时，散热系数 A 越大，则 τ_W 越低.

二、电动机的冷却过程

电动机的负载减小或停机时，电动机的损耗下降或为零，温升下降，电动机进入冷却过程. 冷却过程的温升曲线方程与发热时相同，只是发热过程的 $\tau_W > \tau_Q$，而冷却过程的 $\tau_W < \tau_Q$. 由此可得电动机冷却过程的温升曲线如图 8-2 所示. 曲线 1 为负载减小时的温升曲线，曲线 2 为停机时的温升曲线. 因为 $\tau_W = 0$，所以曲线方程为

$$\tau = \tau_Q e^{-\frac{t}{T'}}$$

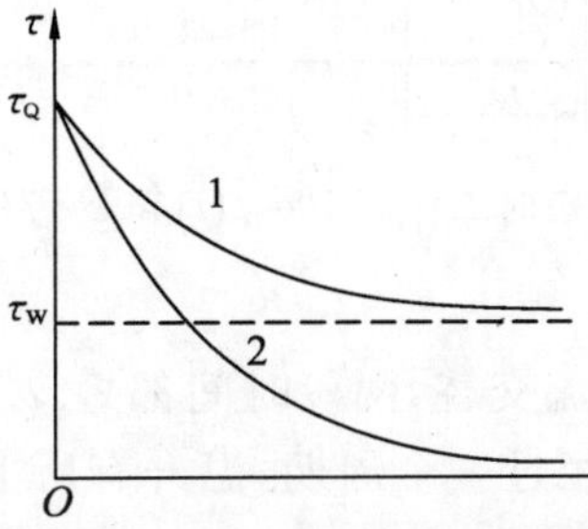

图 8-2　冷却过程的温升曲线

式中，$T' = \frac{C}{A}$，为冷却时间常数. 如果电动机为外部风冷，则此曲线的时间常数 $T' = T$；如果用自扇冷式，则由于散热条件变差，冷却时间常数 $T' = (2 \sim 3)T$.

三、电动机工作制的分类

按电动机工作时间的长短和发热情况的不同，一般将电动机分为三种基本工作方式(或称工作制).

1. 连续工作制

电动机工作时间很长，其温升可达稳定值，即 $t_g > (3 \sim 4)T$，可达几小时甚至几天，如水泵、鼓风机、造纸机等. 其简化负载图 $P = f(t)$ 及温升曲线 $\tau = f(t)$ 如图 8-3 所示.

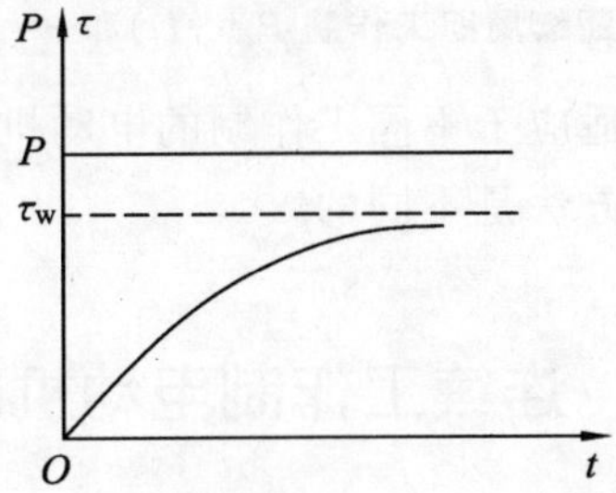

图 8-3　连续工作制 $P = f(t)$ 和 $\tau = f(t)$ 曲线

2. 短时工作制

工作时间较短即 $t_g < (3 \sim 4)T$，电动机温升达不到稳定值，而停车时间 t_0 较长，温度降至周围环境温度(即 $\tau_W = 0$)，如机床的辅助运动机械、冶金辅助机械、闸门启闭机等. 负载

图 $P=f(t)$及温升曲线$\tau=f(t)$如图 8-4 所示. 标准时间为 15min、30min、60min、90min 四种.

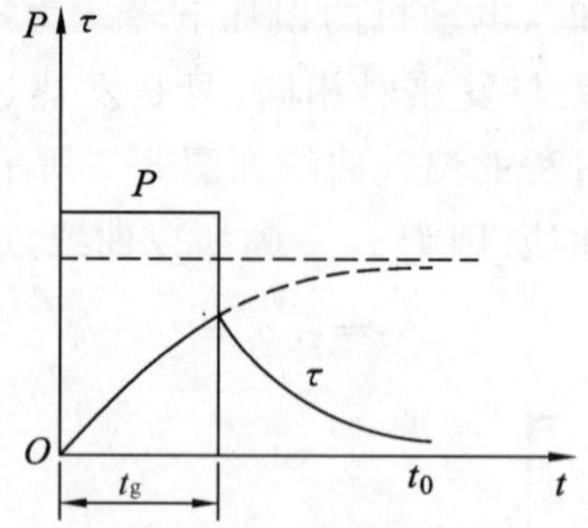

图 8-4　短时工作制 $P=f(t)$和 $\tau=f(t)$曲线

3. 断续周期工作制

工作时间 t_g和停歇时间 t_0轮流交替,两段时间都短. t_g期间,温升来不及达到稳定值;t_0期间,温升也来不及降至零. 但经过一个周期,温升有所上升,最后温升将在某一范围内上下波动,如起重机、电梯、轧钢辅助机械等. 负载图 $P=f(t)$和温升曲线 $\tau=f(t)$如图 8-5 所示. 在断续周期工作制中,负载工作时间与整个周期之比称为负载持续率 $ZC\%$,即

$$ZC\%=\frac{t_g}{t_g+t_0}\times 100\%$$

我国规定的标准持续率为 15%、25%、40%、60%四种,并规定 $t_g+t_0\leqslant 10$min.

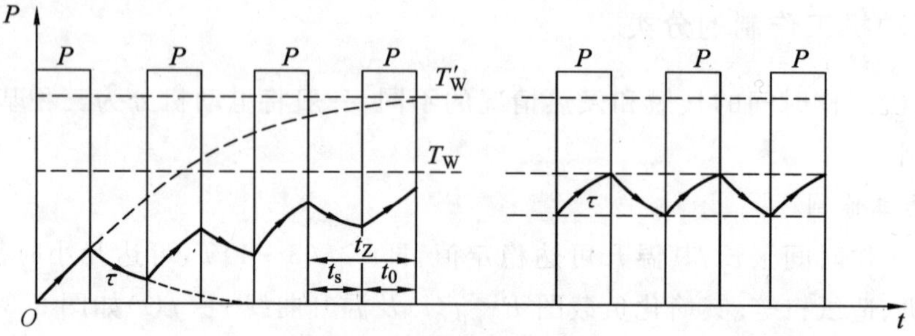

图 8-5　断续周期工作制 $P=f(t)$和 $\tau=f(t)$曲线

电机厂专门设计和制造了适应于不同工作制的电动机,供按不同的负载性质选配. 不同工作制下电动机功率的选择方法是不同的.

§8-2　连续工作制电动机的选择

连续工作制电动机的负载分为两类:常值负载和变化负载.

一、常值负载下电动机功率的选择

先计算出生产机械的负载功率 P_Z,然后选择电动机的额定功率 P_N等于或略大于 P_Z,

即

$$P_N \geqslant P_Z$$

这样电动机发热就不会产生问题.对笼型异步电动机，一般还需校验其启动能力.

电动机的额定功率是按标准环境温度(40℃)确定的.如果使用时，周围环境温度与标准值40℃相差较大，为了充分利用电动机，其输出功率可与 P_N 不同.

根据发热等效的原则，即在不同的环境温度下，带负载运行时电动机的温度均达绝缘材料的最高允许温度 θ_m 这一原则，可以推导出电动机在实际环境温度为 θ_0 时允许输出功率 P 的计算公式：

$$P = P_N \sqrt{\frac{\theta_m - \theta_0}{\theta_m - 40}(k+1) - k}$$

式中，θ_m 为绝缘材料允许的最高温度；$k = \frac{p_0}{p_{Cu}}$ 为不变损耗(空载损耗)与额定负载下可变损耗(铜耗)之比，其值取决于电动机的结构与转速，一般为0.4～1.1.

显然，若 $\theta_0 > 40$℃，则 $P < P_N$；若 $\theta_0 < 40$℃，则 $P > P_N$.

实际工作中，也可按表8-1近似确定 θ_0 不等于40℃时电动机允许输出的功率 P.当环境温度低于30℃时，一般也只增加8％.

表8-1　不同环境温度下电动机功率增减的百分数

环境温度	30℃	35℃	40℃	45℃	50℃	55℃
电动机功率增减的百分数	+8％	+5％	0	−5％	−12.5％	−25％

电动机所在地点的海拔高度对电动机的温升也有影响，因为海拔越高，气温越低，散热条件越差，两者可适当补偿.因此规定1000m以下，额定功率不进行校正，但大于1000m时，需进行校正或采用适用于高原的电动机.

二、变化负载下电动机功率的选择

连续工作方式下的周期性变化负载，其负载功率的大小是变化的.若按其最小负载功率选择电动机的额定功率 P_N，会使电动机过热甚至烧坏；若按其最大负载来选择电动机，则会造成电动机容量的浪费.解决这一问题的方法，是根据一个周期内各段时间实际的负载功率求出平均负载功率，然后根据平均负载功率预选电动机.

连续周期性变化负载的平均功率和平均转矩可按下面的公式计算：

平均功率

$$P_{Zd} = \frac{P_{Z1}t_1 + P_{Z2}t_2 + \cdots}{t_1 + t_2 + \cdots} = \frac{\sum_{i=1}^{n} P_{Zi}t_i}{\sum_{i=1}^{n} t_i}$$

平均转矩

$$T_{Zd}=\frac{T_{Z1}t_1+T_{Z2}t_2+\cdots}{t_1+t_2+\cdots}=\frac{\sum_{i=1}^{n}T_{Zi}t_i}{\sum_{i=1}^{n}t_i}$$

过渡过程中，可变损耗与电流的平方成正比，电动机发热较为严重，上述 P_{Zd} 及 T_{Zd} 中没有反映过渡过程中的发热情况. 因此，根据平均负载功率或平均负载转矩预选电动机的额定功率时应当乘以 1.1～1.6 的系数，即

$$P_N \geqslant (1.1\sim1.6)P_{Zd}$$

或

$$P_N \geqslant (1.1\sim1.6)\frac{T_{Zd}n_N}{9550}$$

预选电动机后先校验发热，后校验过载能力，必要时再校验启动能力.

校验发热的方法有平均损耗法和等效法，等效法又包括等效电流法、等效转矩法和等效功率法.

(一) 平均损耗法

根据国家标准规定，当变化周期 $t_Z \leqslant 10\text{min}$ 时，周期性变化负载下电动机的稳定温升不会有大的波动，可用平均温升代替最高温升，因此可以用平均损耗来校验发热. 平均损耗可按下式计算：

$$\Delta P_d=\frac{\sum_{i=1}^{n}\Delta P_i t_i}{\sum_{i=1}^{n}t_i}$$

式中，$\Delta P_i=\frac{P_i}{\eta_i}-P_i$ 为第 i 段电动机的损耗.

只要

$$\Delta P_d \leqslant \Delta P_N$$

发热校验通过.

$\Delta P_N=\frac{P_N}{\eta_N}-P_N$ 为电动机额定运行时的损耗.

如果，$\Delta P_d > \Delta P_N$ 说明预选电动机的功率太小，发热校验通不过，需重选功率较大的电动机，并重新校验发热直至通过.

如果 $\Delta P_d \ll \Delta P_N$，说明预选电动机的功率太大，电动机得不到充分利用. 这时需改选功率较小的电动机，并重新进行发热校验.

平均损耗法适用于任何类型的电动机，只要 $t_2 \leqslant 10\text{min}$. 平均损耗法需先求出 $\Delta P=f(t)$，计算步骤比较复杂.

(二) 等效法

1. 等效电流法

电动机的损耗包含不变损耗和可变损耗两类，因此变化负载下第 i 级负载的损耗为

$$\Delta P_i = p_0 + p_{Cu} = p_0 + CI_i^2$$

把平均损耗 ΔP_i 中可变损耗所对应的电流称为等效电流 I_{dx}，则

$$\Delta P_d = p_0 + CI_{dx}^2$$

故有

$$p_0 + CI_{dx}^2 = \frac{\sum_{i=1}^{n} \Delta P_i t_i}{\sum_{i=1}^{n} t_i} = \frac{\sum_{i=1}^{n} (p_0 + CI_i^2) t_i}{\sum_{i=1}^{n} t_i} = p_0 + \frac{C\sum_{i=1}^{n} I_i^2 t_i}{\sum_{i=1}^{n} t_i}$$

化简得

$$I_{dx} = \sqrt{\frac{\sum_{i=1}^{n} I_i^2 t_i}{\sum_{i=1}^{n} t_i}}$$

在预选电动机之后，根据生产机械的负载变化曲线和电机的工作情况，求出电动机电流的变化曲线 $I=f(t)$，从而按上式求出等效电流 I_{dx}，如果 $I_{dx} \leqslant I_N$，则发热校验通过，否则需重选电机，再进行校验，直至通过为止.

等效电流法是从平均损耗法引申出来的，在推导 I_{dx} 的过程中，认为空载损耗 p_0 和常数 C 都不变，故应用此法需符合以下条件：① $t_z \ll T$ 或 $t_z \leqslant 10\text{min}$；② 空载损耗 p_0 不变；③ 与绕组电阻有关的 C 不变.

2. 等效转矩法

如果已知的不是电流负载图而是转矩负载图，又如果转矩与电流成正比（如直流机励磁不变，异步机的磁通 Φ 与 $\cos\varphi_2$ 不变时），那么可用等效转矩 T_{dx} 来代替等效电流 I_{dx}，公式为

$$T_{dx} = \sqrt{\frac{\sum_{i=1}^{n} T_i^2 t_i}{\sum_{i=1}^{n} t_i}}$$

若预选电动机的 $T_N \geqslant T_{dx}$，则发热校验通过. T_N 可由预选电动机的 P_N 和 n_N 代入下式求得

$$T_N = 9550 \frac{P_N}{n_N}$$

由于等效转矩法是由等效电流法推导得到的，所以应用此法的条件除等效电流法的三个条件以外，还要加上④T 与 I 成正比. 若此条件不满足，则应用此法时应设法进行修正（修正各段的 T_i）.

3. 等效功率法

若整个工作期间转速基本不变，输出功率近似与转矩成正比，则可用功率代替转矩，这就叫等效功率法. 等效功率按下式计算：

$$P_{dx}=\sqrt{\frac{\sum_{i=1}^{n}P_i^2t_i}{\sum_{i=1}^{n}t_i}}$$

当 $P_{dx}\leqslant P_N$ 时,发热校验通过.

由于等效功率法是在等效转矩法的基础上,加上转速基本不变的条件推导出来的,所以等效功率法的使用条件除以上 4 条外,还要加上⑤转速基本不变.若某段转速不同,则应进行折算以修正(修正各段的 P_i).

三、有启动、制动及停歇过程时校验发热公式的修正

当一个周期内包含启动、制动、停歇等过程时,如果电动机是自扇冷式的,由于这些时间段中散热条件变化,实际温升会偏高.按平均损耗法或等效法计算时,应将公式分母中相应的启动与制动时间乘以小于 1 的系数 α,在对应停歇的时间上乘以系数 α_0.对于直流电动机,可取 $\alpha=0.75,\alpha_0=0.5$;对于异步电动机,可取 $\alpha=0.5,\alpha_0=0.25$.

以图 8-6 所示负载图为例.图中 t_1 为启动时间,t_2 为稳定运转时间,t_3 为制动时间,t_0 为停歇时间,I_1、I_2、I_3 分别为启动、稳定运转、制动过程中的电流,则修正后的等效电流为

$$I_{dx}=\sqrt{\frac{I_1^2t_1+I_2^2t_2+I_3^2t_3}{\alpha t_1+t_2+\alpha t_3+\alpha_0t_0}}$$

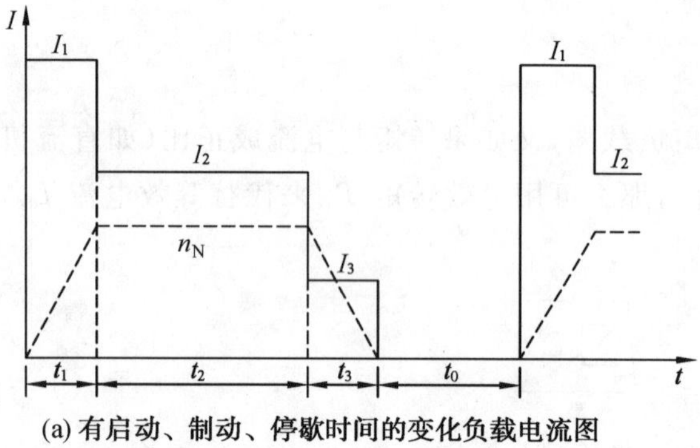

(a) 有启动、制动、停歇时间的变化负载电流图

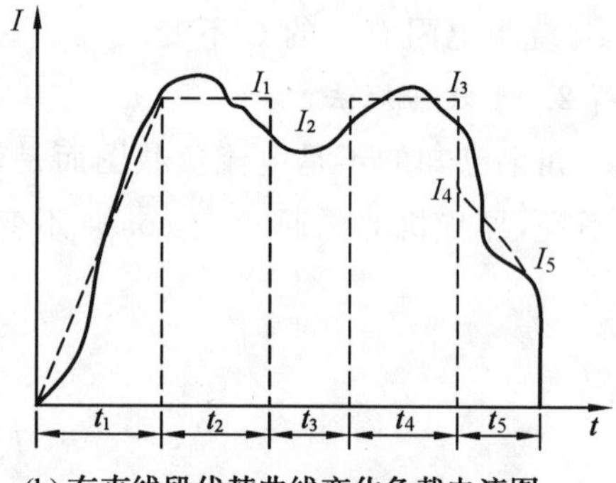

(b) 有直线段代替曲线变化负载电流图

图 8-6 负载电流图

四、等效法在非恒值变化负载下的应用

设有非恒值变化负载如图 8-6(b)的电流负载图所示,一般可将其近似分成多段直线,再求其等效电流.图中曲线除包含恒值部分外,还有三角形和梯形段.这时需先求出三角形段和梯形段的等效电流.

三角形段等效电流的求法:由于该段内 $I=\frac{I_1}{t_1}t$,故其等效值

$$I_{dx1}=\sqrt{\frac{1}{t_1}\int_0^{t_1}\frac{I_1^2}{t_1^2}t^2\,dt}=\frac{I_1}{\sqrt{3}}$$

用同样的方法可得梯形段等效电流为

$$I_{dx2}=\sqrt{\frac{I_4^2+I_4I_5+I_5^2}{3}}$$

以上方法以等效电流法为例推得，同样适用于等效转矩法和等效功率法.

§8-3 短时工作制电动机的选择

对于短时工作制，可选用为连续工作制设计的电动机，也可选用为短时工作制设计的电动机.

一、选用为连续工作制设计的电动机

设短时功率为 P_g，时间为 t_g. 如果选择连续工作制电动机，使 $P'_N>P_g$，显然在 $t=t_g$ 时，温升按图 8-7 的曲线 1 只能达到 τ'_g，而达不到 τ_m，即 $\tau'_g<\tau_m$. 从发热观点考虑，电动机得不到充分利用. 为此，选用连续工作制电动机的 $P_N<P_g$，在工作时间 t_g 内电动机达到的最高温升 τ_m 等于或接近于连续运行时的稳定温升，亦即等于或接近于由绝缘材料决定的电动机的最高允许温升 τ_W，即

$$\tau_m=\frac{\Delta P_g}{A}(1-e^{-\frac{t_g}{T}})=\tau_W=\frac{\Delta P_N}{A}$$

式中，ΔP_g 及 ΔP_N 为与 P_g 及 P_N 对应的损耗功率.

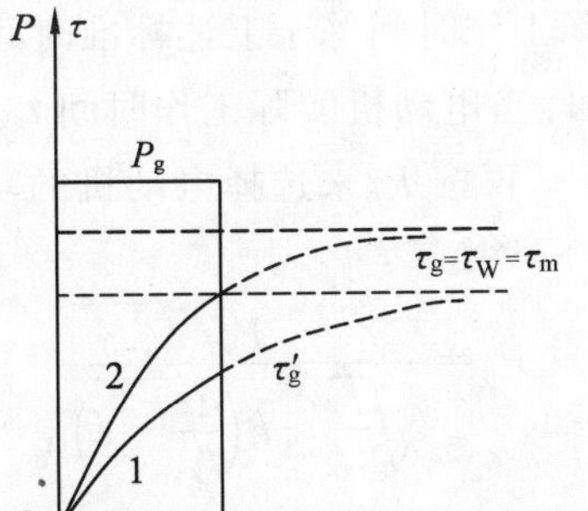

图 8-7 短时工作时的 $P=f(t)$ 和 $\tau=f(t)$

根据以上原则，按发热观点可以推导出功率过载倍数

$$\lambda_Q=\frac{P_g}{P_N}=\sqrt{\frac{1+ke^{-\frac{t_g}{T}}}{1-e^{-\frac{t_g}{T}}}}$$

式中，$k=\frac{p_0}{p_{Cu}}$为不变损耗与额定可变损耗之比.

由此可见，当 k 一定时，按发热观点的功率倍数 λ_Q 取决于$\frac{t_g}{T}$，随$\frac{t_g}{T}$的减小而增大. 当$\frac{t_g}{T}$减小到一定程度时，则 $\lambda_Q > k_T$. 此时如果仍按发热观点选择 P_N，过载能力就通不过，因此，此时应从过载能力出发，按下式选择连续工作方式电动机的额定功率

$$P_N \geqslant \frac{P_g}{k_T}$$

这样，不但过载能力满足要求，发热也肯定可以通过，还有裕度.

如果短时工作期间功率变化时，按发热观点选择电动机，应先求出等效功率，以代替式中的 P_g，此时还必须用最大负载功率来校验电动机的过载能力. 一台电动机的最大允许输出是固定值，连续工作时电动机输出功率小，允许过载倍数较大，同一台电动机短时工作时输出功率增大，其允许过载倍数将下降. 若电动机功率是按允许过载倍数决定的，公式中的 P_g 为最大负载功率，则不必进行过载能力的校验. 某些电动机（如笼型异步电动机）的启动转矩是一定的，无论是按发热还是过载能力决定电动机功率，都必须校验启动能力.

二、选用专为短时工作制设计的电动机

我国专为短时工作制设计的电动机，其工作时间为 15min、30min、60min、90min 四种. 对同一台电动机，对应不同的工作时间，其额定功率不同，关系为 $P_{15} > P_{30} > P_{60} > P_{90}$，显然过载能力也不同，其关系为 $\lambda_{15} < \lambda_{30} < \lambda_{60} < \lambda_{90}$. 一般在铭牌上标的是小时功率，即 P_{60}.

选择这种电动机，如果实际工作时间等于上述标准时间时，只要按对应的工作时间与功率，由产品目录直接选用即可. 当电动机实际工作时间 t_{gx} 与标准值 t_g 不同时，应把 t_{gx} 下的功率 P_x 换算到 t_g 下的功率 P_g，再按 P_g 来选择电动机的功率. 换算时，应取与 t_{gx} 最接近的 t_g. 与 t_g 对应的功率 P_g 可按下式换算：

$$P_g = \frac{P_x}{\sqrt{\frac{t_g}{t_{gx}} + k\left(\frac{t_g}{t_{gx}} - 1\right)}}$$

式中 $k = \frac{p_0}{p_{Cu}}$，当 $t_{gx} \approx t_g$ 时，可近似为

$$P_g \approx P_x \sqrt{\frac{t_{gx}}{t_g}}$$

如果没有合适的专为短时工作制设计的电动机，也可采用专为断续周期工作制设计的电动机，其对应关系可近似为：$t_g = 30$min 相当于 $ZC\% = 15\%$，$t_g = 60$min 相当于 $ZC\% = 25\%$，$t_g = 90$min 相当于 $ZC\% = 40\%$.

§8-4 断续周期工作制电动机的选择

应大量生产机械的需要，有专为断续周期工作制设计的电动机.此类电动机的共同特点是启动能力强，过载能力大，惯性小，机械强度好，绝缘等级高，临界转差率 s_m（对笼型电机）设计得较高等.

对同一台电动机，不同负载持续率 $ZC\%$时对应的额定功率不同，如表 13-2 所示的例子 YZR225.表中过载能力一项中，仅给出 $ZC\%=25\%$时最大转矩 T_m与额定转矩 $T_N(25\%)$的比值，这是由于这台电动机的 T_m是一个固定值，而 T_N是随 $ZC\%$的改变而变化的，$ZC\%$越小，P_N与 T_N越大，过载能力就越低.

表 13-2

型　号	负载持续率/%	电动机功率/kW	过载能力
YZR225	15	40	—
	25	34	—
	40	30	$\frac{T_{max}}{T_N(25\%)}=3.3$
	60	26	—
	100	22	—

断续周期工作制电动机功率的选择与连续工作制变化负载下功率的选择相似，在一般情况下，也要经过预选及校验等步骤.即先根据负载初步确定负载持续率 $ZC\%$和负载功率的平均值 P_{Zd}，再预选电动机，作出电动机的负载图，进行发热、过载能力及必要时启动能力的校验.

如果实际的 $ZC_x\%$不等于标准的 $ZC\%$，则选与 $ZC_x\%$最接近的 $ZC\%$，再把 $ZC_x\%$下的功率 P_x换算为 $ZC\%$下的功率.换算公式如下：

$$P=\frac{P_x}{\sqrt{\frac{ZC\%}{ZC_x\%}+k\left(\frac{ZC\%}{ZC_x\%}-1\right)}}$$

当 $ZC\%\approx ZC_X\%$时，可近似为

$$P\approx P_x\sqrt{\frac{ZC_x\%}{ZC\%}}$$

如果 $ZC_x\%<10\%$，可按短时工作制选择电动机；如果 $ZC_x\%>70\%$，可按连续工作制选择电动机.

§8-5 选择电动机的功率的统计法和类比法

对各国同类型先进的设备所选用的电动机功率进行统计和分析，找出电动机的功率和设备主要参数之间的关系，结合我国具体情况得出相应的计算公式，设计时按这些公式确定电动机的功率，称之为统计法. 例如，

(1) 车床　$P=36.5D^{1.54}$ kW.

(2) 立车　$P=20D^{0.88}$ kW，D 为工件最大直径(m).

另一种实用的方法为类比法，是在调查同类生产机械采用电动机的功率数值的基础上，通过类比方法，确定所选电动机的功率.

§8-6 电动机电流种类、结构型式、额定电压与额定转速的选择

一、电动机种类的选择

电动机种类的选择原则：

(1) 尽量优先选用价格便宜、结构简单、维护方便的交流笼型异步电动机；

(2) 绕线转子异步电动机能限制启动电流与提高启动转矩，多用于起重机械及矿井提升等生产机械；

(3) 滑差电动机和交流换向器电动机将逐步退出竞争；

(4) 当电动机功率较大且无调速要求时，采用交流同步电动机以提高工厂企业的功率因数；

(5) 直流电动机调速性能优异，目前用在大功率、调速范围要求很大的生产机械上.

二、电动机结构型式的选择

电动机结构型式可分为立式和卧式两种. 一般情况下选择卧式，只有在需要简化传动装置又必须垂直运行时才选用立式.

电动机的防护型式：开启式、防护式、封闭式、防爆式.

三、电动机额定电压的选择

交流电动机的额定电压应与电网电压相一致. 一般车间的低压电网为 380V，中小型电机都是低压的，额定电压为 220V/380V 或 380V/660V；电动机功率较大时，可选用高压电机以节约铜材，额定电压可选择 3000V、6000V，甚至 10000V.

直流电动机的额定电压也应与电源电压相匹配. 当直流电动机由直流发电机供电时，直流电动机的额定电压可选择 110V、220V，功率较大时可选择 600V、800V，甚至 1000V.

当直流电动机由晶闸管整流装置供电时，直流电动机的额定电压可选择160V、440V，功率较大时可选择1200V.

四、电动机额定转速的选择

额定功率相同的电动机，额定转速越高，电动机尺寸、重量和成本就越小.但由于生产机械速度一定，电动机转速越高，传动结构转速比越大，传动机构就越复杂，因此需要综合考虑电动机和生产机械两方面的各种因素.